走进大自然丛书
ZOUJIN DAZIRAN
CONGSHU

Daziran de
fengyu leidian

（最新版）

大自然的风雨雷电

本书编写组◎编

世界图书出版公司
广州·北京·上海·西安

图书在版编目（CIP）数据

大自然的风雨雷电 /《大自然的风雨雷电》编写组编著 . — 广州 ：广东世界图书出版公司，2010. 1 （2024.2 重印）
ISBN 978 - 7 - 5100 - 1604 - 2

Ⅰ. ①大… Ⅱ. ①大… Ⅲ. ①气象学 - 青少年读物
Ⅳ. ①P4 - 49

中国版本图书馆 CIP 数据核字（2010）第 017611 号

书　　名	大自然的风雨雷电 DAZIRAN DE FENGYU LEIDIAN
编　　者	《大自然的风雨雷电》编写组
责任编辑	李翠英
装帧设计	三棵树设计工作组
出版发行	世界图书出版有限公司　世界图书出版广东有限公司
地　　址	广州市海珠区新港西路大江冲 25 号
邮　　编	510300
电　　话	020-84452179
网　　址	http://www.gdst.com.cn
邮　　箱	wpc_gdst@163.com
经　　销	新华书店
印　　刷	唐山富达印务有限公司
开　　本	787mm × 1092mm　1/16
印　　张	10
字　　数	120 千字
版　　次	2010 年 1 月第 1 版　2024 年 2 月第 11 次印刷
国际书号	ISBN　978-7-5100-1604-2
定　　价	48.00 元

前 言

PREFACE

风雨雷电是我们生活中常见的自然现象。然而在古代，由于人们对天象真相的无知，再加上对风雨雷电的敬畏，便认为风雨雷电是由神仙控制的，于是出现了风婆、雨伯、雷公、电母等神仙形象，在《西游记》里我们就看到了孙悟空与妖怪斗法时请这四位神仙来助阵的有趣故事。

为了预测天气的变化，安排好劳动生产和日常活动，我国劳动人民总结出了许多朗朗上口、通俗易懂却也不乏科学道理的气象谚语。如：东风急，备斗笠，风急云起，愈急必雨。日落胭脂红，无雨便是风。久雨闻鸟鸣，不久即转晴。雷公先唱歌，有雨也不多。闷雷拉磨声，雹子必定生，等等。

随着科技的不断发展，现在我们对风雨雷电等气象已经有了较为科学的认识，并且随着气象观测仪器的日益先进，我们可以基本准确的预测天气了。

风雨雷电虽是司空见惯的自然现象，但是它们一旦“发威”成了狂风暴雨，成了致人死亡引发火灾损毁建筑的雷电，那么就是令人恐怖的天灾了。然而现在我们已经有了控制风雨雷电的办法，可以减弱甚至消除一些灾害性天气，比如我们可以人工削弱台风、人工干预风暴、实施人工降雨和消雨，甚至可以控制雷电。

然而我们不要以为我们就可以操控天气，为所欲为了，我们应当知道我们对天气的影响是有限的，我们只能局部影响和干预天气。

因此，提倡天人合一，提出与自然和谐发展，是一种科学的思维和正确的态度。我们要趋利避害，要善于利用风雨雷电等自然气象为我们人类造福。我们已经学会了风力提水、风力发电，已经开始收集雨水应用到生活和生产中去了，已经懂得借用雷电固氮的特点制造化肥。

当然，我们对风雨雷电的开发和利用还是极为有限的，可以说风雨雷电是一笔很大的自然资源，并且是可以循环利用的可再生资源，只要我们科学合理地开发利用，就可以大大缓解我们当下日益严重的能源危机。

风雨雷电中蕴藏着许多的奥秘，我们现在只揭开了其中一部分，还有更多的奥秘等待着青少年朋友去探究与揭晓！

Contents

目　录

揭秘风雨雷电

风雨雷电中的科学

风雨雷电与人类生活

风雨雷电的危害与防控

揭秘风雨雷电

风，来无影去无踪，但是我们却能随时随地感到它的存在，那么你知道风是如何形成的吗？你知道自然中存在着多种多样的风吗？你知道风向和风力是如何测定的吗？本章会告诉你一个个答案。

雨是人类不可或缺的朋友，现在就让我们置身雨中，去了解雨的形成、雨的“亲友邻居”和不同类型的雨。

雷电带给我们更多的是惊恐与神秘，以至古人认为是天在发怒，本章将撩去迷信的外衣，为你揭开它的庐山真面目，让你对雷电有一个科学而理性的认识，并进一步为你介绍雷暴的方位与路径的确立和气象雷达测天气的方法。

风是如何形成的

风常指空气的水平运动分量，包括方向和大小，即风向和风速。但对于飞行来说，还包括垂直运动分量，即所谓垂直或升降气流。阵风（又称突风）则是在短时间内风速发生剧烈变化的风。气象上的风向是指风的来向，航行上的风向是指风的去向。在气象服务中，常用风力等级来表示风速的大小。风和阵风对飞机飞行影响很大。起飞和着陆时必须根据地面的风向和风速选择适宜的起飞、着陆方向；飞行中必须依据空中风向和风速及时修正偏流，以保持一定的航向和计算出标准的飞行时间；修建机场时必须根据风的气候资料确定跑道方位。另外，风对飞机飞行性能也有明显影响，例如飞机逆风飞行时，飞机升力将会增加。阵风则对飞机飞行载荷产生显著的影响，在飞行器的设计中需要给出描述阵风的模型和强度标准。

相对于地表面的空气运动，通常指它的水平分量，以风向、风速或风力表示。风向指气流的来向，常按16方位记录。风速是空气在单位时间内移动的水平距离，以米/秒为单位。大气中水平风速一般为1.0～10米/秒，台风、龙卷风有时达到102米/秒。而农田中的风速可以小于0.1米/秒。风速的观测资料有瞬时值和平均值2种，一般使用平均值。风的测量多用电接风向风速计、轻便风速表、达因式风向风速计，以及用于测量农田中微风的热球微风仪等仪器进行；也可根据地面物体征象按风力等级表估计。

那么空气在什么力量的推动下才发生运动？这是一个非常复杂的问题，通常有4种力是必须考虑的。这就是气压梯度力、地转偏向力、惯性离心力和摩擦力。它们对空气运动，即对风的方向和速度都有作用，风是它们综合作用的结果。

（1）气压梯度力是由于气压分布不均匀，空气就从气压高的地方向气压低的地方流动，“水往低处流”，空气也是这样。因为高、低压差，使得它们之间形成一种力，气压差越大，这种力也就越大。就像物体从楼梯上滚下来，楼梯越高越陡，物体就滚得越快。所以，这种力称为气压梯度力。显然，气压梯度力的大小与气压梯度成正比，与空气密度成反比，力的方向是从高压指向低压，在大气温度为0℃、大气压力为1013.25百帕的标准温压条件下，空气密度是1.293千克/立方米。这时候，如果出现100帕/赤道度的气压梯度，就能产生7×10^4牛顿/千克的气压梯度力。不要小看这个力，只要经过一定时间，就能产生很大的速度。例如，3小时后，就能使风速从零增大到7.6米/秒；持续10小时，就会使风速增大到25米/秒。这就说明，气压梯度力是形成风的原动力。不过在事实上，在空气开始运动后，会有其他动力来与气压梯度力相平衡，以达到空气的常速运动。所以，尽管比较小的气压梯度，也可以引起很大的风速，而各种力的相互平衡作用，能使风速不可能无限地增大。

（2）在我们这个地球上，地球自转速度很快，有464米/秒，自转一圈有40074.25千米，以华里计算为80148.50里，真是名副其实的“日行八万里”。在这样高速自转的影响下，不可避免地要影响地球上物体的运动。在北半球，运动着的物体，常因地球自转作用，产生了使物体在其前进方向往右偏转的力，这个力因地球自转引起，所以称为地转偏向力。在南半球，地转偏向力的作用，则使运动着的物体在前进方向往左偏转。

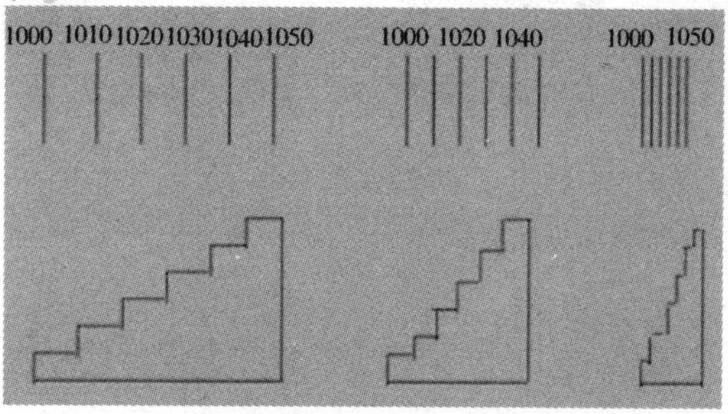

气压梯度与石阶梯的坡度

地转偏向力属于一种惯性力，是由地球自转而产生，所以，只有当物体运动时才能表现出来，而且它的方向永远垂直于物体运动中的瞬时速度的方向。地转偏向力只改变物体运动的方向，而不改变物体运动速度的大小。

产生地转偏向力需要 3 个条件：①地球自转；②物体运动；③物体运动方向和地球自转有交角。三个条件缺一不可，只有前两个条件，而无第三个条件，即运动方向与地轴平行时，例如在赤道上的南风和北风，都不会发生偏转。两极地区的垂直运动，也不会发生偏转。这些条件和特点，对于我们认识地转偏向力的作用很有好处。

（3）地球自转的另一个结果，是物体产生离心力。从物理学可知，离心力永远是在纬圈平面上，方向是沿着纬圈的曲率半径从地轴向外，而力的大小与运动物体的线速度的平方成正比，与曲率半径成反比。离心力与地转偏向力一样，都属于惯性力，只能改变运动的方向，不能改变运动的速度，所以也称为惯性离心力。惯性离心力通常比地转偏向力小。但是，在低纬度地区，或空气运动速度很大，而曲率关系很小时，也可能达到较大的数值，并可能超过地转偏向力。

（4）空气的乱流运动可能在上、下层之间有差异，方向可以不同，速度也可以不一样，这时就可能产生摩擦，称为内摩擦力。乱流作用越强，内摩擦力也就越大。近地层空气运动和地表面之间也会产生摩擦力，称外摩擦力。它是地表面对空气运动的阻力，方向与空气运动方向相反，并偏向一边约 35°，大小与空气运动速度及摩擦系数成正比。内摩擦力与外摩擦力总称摩擦力，它使空气运动速度减小，方向往一边偏离。摩擦力越大，偏离也越大。在海洋上偏离角度要小些，约 10°。在陆地上偏离角度可达 35°左右。摩擦力的大小与高度有关系，在近地层 30 ~ 50 米处摩擦力最大，到 1000 ~ 2000 米已不显著。所以在这个高度以下，称为摩擦层，以上则称为自由大气。

从上述各种力可以看出，只有气压梯度力才可以使空气从静止状态产生运动，是空气运动的起动力。其他力只能改变空气运动的方向或速度，并只有当空气已经运动时才会发生，不是空气运动的起动力。

知识点

电接风向风速计

电接风向风速计是一种具有电动装置的测定风向风速的自记仪器。由感应器、指示器和记录器三大部分组成。感应器安装在室外的杆子上，指示器与记录器则放在室内。感应器分风速表和风向标两部分。风速表是一组风杯，风愈大时，风标转动得愈快；风向标是一个流线型的风标，当空气流动时，风标始终指着风的来向，通过电动装置，即可从室内的仪表上读出当时瞬间的和平均的风向、风速。

气压带和风带

气压带，由于地球表面纬度高低不同，接受太阳辐射的多少不同，于是形成不同的气压区域，这些区域就是气压带。

假设地球表面是平滑、均匀的，气压水平分布表现出纬向带状。地球上的水平气压带有7个，它们是：

（1）2个极地高压带：分布在北极和南极极区，是空气受冷收缩、积聚，而高空气流辐合，质量增多，在低空形成的高压带。冬季强度增大，范围扩展；夏季势力减弱，范围收缩。

（2）2个副极地低压带：分布在南、北纬60°及其两侧，各约5°。由于来自副热带高气压带的热空气向北移动来自极地高气压带的冷空气南下（北半球）两者相遇热空气被迫抬升地面形成低压而形成的。

（3）2个副热带高压带：分布在南、北纬20°～30°的强大高压带，是自低纬高空向极流动的气流在地转偏向力作用下发生质量辐合形成。它随季节南、北移动达几十个纬度，活动范围约占地球的1/2，是对大气环流影响最大的气压带。

（4）1个赤道低压带：分布在赤道附近。由于终年高温，空气受热膨胀上升，到高空向两侧外流，引起气柱质量减少，低空形成低压带。全球7个纬向气压带排列规则，而且高、低压带交错分布。

气压带可随太阳直射点位置的变化而南北平移。就北半球而言，气压带的位置大致是夏季偏北，冬季偏南。上下移动各约5°。

虽然大气的压力随时都在变化，但是地球大气的压力分布还是有规律的。在地球赤道两侧环绕地球的一个宽带上，接近地面的气压都比较低，叫做赤道低压带。在南、北纬30°附近环绕地球的一个宽带上，气压都比较高，叫做副热带高压带。到了南、北纬60°附近环绕地球的一个宽带上，气压都比较低，叫副极地低压带。到了地球南北两极区，气压较高，叫极地高压带。

接近地面的风向的分布也是有规律的。由于有地面的摩擦阻力和地球的自转偏向力，北半球副热带高压带的空气并不是由北向南流向赤道低压带，也就是说不是北风，而是东北风，叫做东北信风带。在北半球，副热带高压带和副极地低压带之间是西南风，叫做西风带。北极是东北风，叫极地东风带。在南半球，赤道低压带和副热带高压带之间是东南信风带，接下来是西风带，是西北风，南极是东南风，也叫极地东风带。

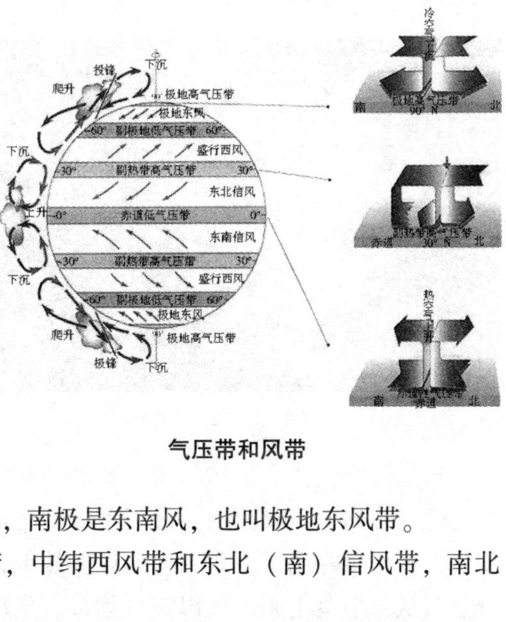

气压带和风带

风带共有6个，即极地东风带，中纬西风带和东北（南）信风带，南北半球相似。

其产生原因主要是3圈环流，分别为：0～30°——低纬环流；30°～60°——中纬环流；60°～90°——高纬环流。在简化后（认为大气在均匀地面上运动），在气压梯度力作用下产生大气的3圈环流，形成了赤道低气压带、副热带高气压带、副极地低气压带和极地高气压带。在地转偏向力（北半球向右，南半球向左）作用下，使得0～30°处近地面为东北风，即东北信风。同理，产生了剩余的几个风带。同时，在海陆热力差异和地形因素的影响下，形成了如西伯利亚高压一样的高（低）压中心，随季节变化，出现了季风环流（气压带风带的季节位置移动也是成因之一）。

多种多样的风

旋　风

旋风是打转转的空气涡旋，是由地面挟带灰尘向空中飞舞的涡旋。这种涡旋正是我们平常看到的旋风，它是空气在流动中造成的一种自然现象，可是风为什么会打转转呢？

旋　风

我们知道，当空气围绕地面上像树木、丘陵、建筑物等不平的地方流动时，或者空气和地面发生摩擦时，要急速地改变它的前进方向，于是就会产生随气流一同移动的涡旋，这就刮起了旋风。但是，这种旋风很少，也很小。

旋风形成的最主要原因，是当某个地方被太阳晒得很热时，这里的空气就会膨胀起来，一部分空气被挤得上升，到高空后温度又逐渐降低，开始向四周流动，最后下沉到地面附近。这时，受热地区的空气减少了，气压也降低了，而四周的温度较低，空气密度较大，加上受热的这部分空气从空中落下来，所以空气增多，气压显著加大。这样，空气就要从四周气压高的地方，向中心气压低的地方流来，跟水往低处流一样。但是，由于空气是在地球上流动，而地球又是时刻不停地从西向东旋转，那么空气在流动过程中就要受地球转动的影响，逐渐向右偏去（原来的北风偏转成东北风，南风偏转成西南风，西风偏转成西北风，东风偏转成东南风）。于是从四周吹来的较冷空气，就围绕着受热的低气压区旋转起来，成为一个和钟表时针转动方向相反的空气涡旋，这就形成了旋风。

这种旋风的中心，由于暖空气不断上升，加上四周的空气不断旋转，所以很容易把地面上的尘土、树叶、纸屑等卷到空中，并随空气的流动而旋转飞舞。如果旋风的势力较强，有时会把地面上的一些小动物，如小蛇、小虫等卷到空中去，在尘沙弥漫中随风飘走。

一般小旋风的高度不太大，当它受到地面的摩擦或房屋、树木等的阻挡时，就渐渐消散变成普通的风。

也许有人还会问：既然地面受热就容易起旋风，那夏天比春天还热，为什么夏天旋风少而春天旋风多呢？这是原因夏天天气虽然很热，但是地面的草木青青，土地湿润，气温相差不大，所以夏天很少刮旋风。可是，在春天，树叶还没有全长出来，草也刚发芽，庄稼地是一片光光的，处处没遮没挡，这就容易晒热，使地面上空气的温度变化较大，就容易刮旋风。

旋风能挟带灰尘、乱纸向空中飞舞，当然也能把地面的热量、水汽等带到空中，所以，它造成了空气的热量、水汽等的垂直混合，使空气中热量和水汽等的垂直分布均匀。但在地面附近旋风很小，垂直交换作用不大，因此在紧贴地面气层中形成了特殊的小气候。

焚　风

当气流跨越山脊时，背风面上容易发生一种热而干燥的风，名叫焚风。这种风不像山风那样经常出现，它是在山岭两面气压不同的条件下发生的。

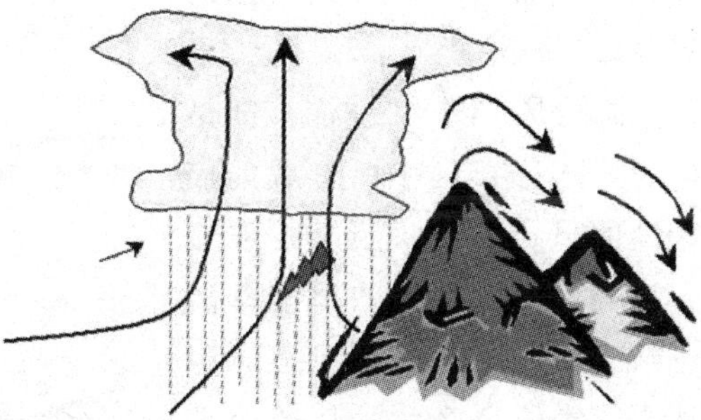
焚风示意图

在山岭的一侧是高气压，另一侧是低气压时，空气会从高压区向低压区移动。在空气移动途中遇山受阻，被迫上升，气压降低，空气膨胀，温度也就随之降低。空气每上升 100 米，气温就下降 0.6℃。当空气上升到一定高度时，水汽遇冷凝结，形成雨雪落下。空气到达山脊附近后，变得稀薄干燥，然后翻过山脊，顺坡下降，空气在下降过程中，重又变得紧密，并出现增温的现象。空气每下降 100 米，气温就会升高 1℃。因此，空气沿着高大的山岭沉降到山麓的时候，气温常会有大幅度的升高。迎风和背风两面的空气，即使高度相同，背风面空气的温度也总是比迎风面的高。每当背风山坡刮炎热干燥的焚风时，迎风山坡却常常下雨或落雪。

焚风的害处很多。它常常使果木和农作物干枯，降低产量，使森林和村镇的火灾蔓延并造成损失。19 世纪，阿尔卑斯山北坡几场著名的大火灾，都是发生在焚风盛行时期的。焚风在高山地区可大量融雪，造成上游河谷洪水泛滥；有时能引起雪崩。如果地形适宜，强劲的焚风又可造成局部风灾，刮走山间农舍屋顶，吹倒庄稼，拔起树木，伤害森林，甚至使河流、湖泊水面上的船只发生事故。

焚风有弊，但是它也有利。由于它能加速冬季积雪的溶化，不用等到明年春天，牛羊就可以在户外放牧了。焚风还丰富了当地的热量资源，像罗纳河谷上游瑞士的玉米和葡萄，就是靠了焚风的热量而成熟的；而焚风影响不到的邻近地区，这些庄稼就难以成熟。

海陆风

在海滨地区，只要天气晴朗，白天风总是从海上吹向陆地；到夜里，风则从陆地吹向海上。从海上吹向陆地的风，叫做海风；从陆地吹向海上的风，称为陆风。气象上常把两者合称为海陆风。

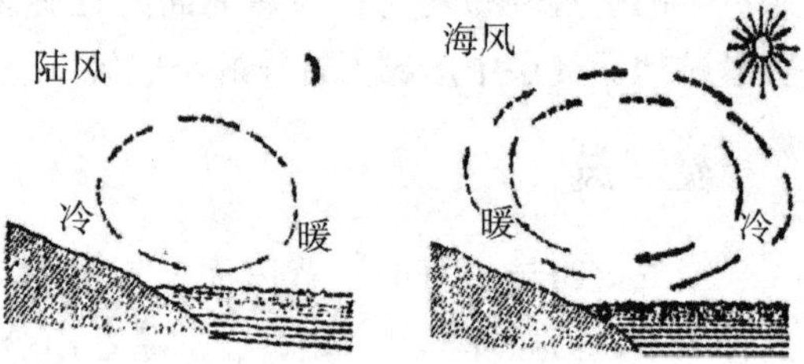

海陆风形成示意图

海陆风和季风一样，都是因为海陆分布影响所形成的周期性的风。不过海陆风是以昼夜为周期，而季风的风向却随季节变化，同时海陆风范围也比季风小。那么，海陆风是如何形成的呢？

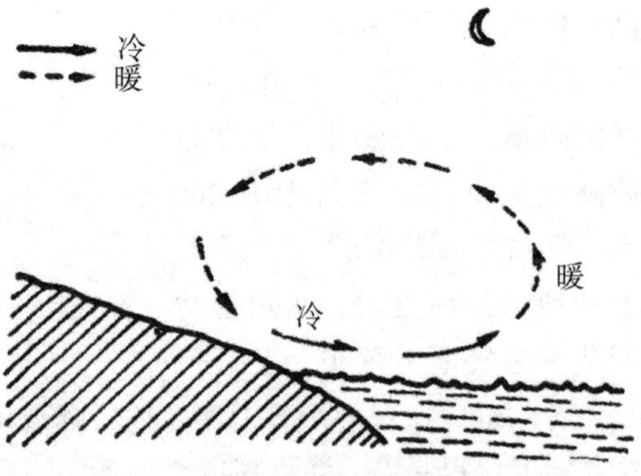

海陆风成因示意图

白天，陆地上空气增温迅速，而海面上气温变化很小。这样，温度低的地方空气冷而下沉，接近海面上的气压就高些；温度高的地方空气轻而上浮，陆地上的气压便低些。陆地上的空气上升到一定高度后，它上空的气压比海面上空气压要高些。因为在下层海面气压高于陆地，在上层陆地气压又高于海洋，而空气总是从气压高的地区流到气压低的地区，所以，就在海陆交界地区出现了范围不大的垂直环流。陆地上空气上升，到达一定高度后，从上空流向海洋；在海洋上空，空气下沉，到达海面后，转而流向陆地。这支在下层从海面流向陆地，方向差不多垂直海岸的风，便是海风。

夜间，情况变得恰恰相反。陆地上，空气很快冷却，气压升高；海面降温比较迟缓（同时深处较温暖的海水和表面降温之后的海水可以交流混合），因此比起陆面来仍要温暖得多，这时海面是相对的低气压区。但到一定高度之后，海面气压又高于陆地。因此，在下层的空气从陆地流向海上，在上层的空气便从海上流向陆地。在这种情况下，整个垂直环流的流动方向，也变得和前面海风里的垂直环流完全相反了。在这个完整的垂直环流的下层，从陆地流向海洋，方向大致垂直海岸的气流，便是陆风。

一般海风比陆风要强。因为白天海陆温差大，加上陆上气层较不稳定，所以有利于海风的发展。而夜间，海陆温差较小，所波及的气层较薄，陆风也就比较弱些。海风前进的速度，最大可达5～6米/秒，陆风一般只有1～2米/秒。滨海一带温差大，海陆风强度也大，随着远离海岸，海陆风便逐渐减弱。

海陆风发展得最强烈的地区，是在温度日变化最大以及昼夜海陆温度差最大的地区。所以，在气温日变化比较大的热带地区，全年都可见到海陆风；中纬地区海陆风较弱，而且大多在夏季才出现；高纬度地区，只有夏季无云的日子里，才可以偶尔见到极弱的海陆风。我国沿海的台湾省和青岛等地，海陆风很明显，尤其是夏半年，海陆温差及气温日变化增大，所以海陆风较强，出现的次数也较多。而冬半年的海陆风就没有夏半年突出，出现机会比较少。

海陆风是在海岸附近，由于陆地与海水热容量的显著差异而产生的一种地方性风系。

白天，陆地表面受太阳辐射增温比海洋快得多，因而陆地上的气温显著比海洋上的气温高。陆地上的空气受热上升，气压下降。这时海洋上的气温相对较低，气压相对较高，气压梯度力的方向是由海洋指向陆地，从而形成由海洋吹向陆地的海风。

日落以后，陆地表面辐射降温比海洋快得多。到了夜间，陆地上的气温比海洋上的气温低，陆地上的气压则比海洋上的气压高。这时气压梯度力的方向与白天相反，由陆地指向海洋，因此便形成了由陆地吹向海洋的陆风。

在较大的湖泊（如洞庭湖、鄱阳湖等）的湖陆交界地区，也会产生与海陆风相似的地方性风系——湖陆风。

这种海陆风或湖陆风是太阳照射的结果。因此，在阴云密布的日子里，由于不存在这种显著的海陆的热力差异，也就没有明显的海陆风。

由于海陆风是地方性的热力差异形成的，它的势力较弱，其水平范围不超过几十千米，垂直高度也在 1～2 千米以内。在大型天气系统影响时，这种地方性的风系就淹没在势力更强大的大尺度风系之中了。

干热风

在初夏季节，我国一些地区经常会出现一种高温、低湿的风，这就是干热风，也叫“热风”、“火风”、“干旱风”等。它是一种持续时间较短（一般 3 天左右）的特定的天气现象。

由于各地自然特点不同，干热风成因也不同。每年初夏，我国内陆地区气候炎热，雨水稀少，增温强烈，气压迅速降低，形成一个势力很强的大陆热低压。在这个热低压周围，气压梯度随着气团温度的增加而加大，于是干热的气流就围着热低压旋转起来，形成一股又干又热的风，这就是干热风。强烈的干热风，对当地小麦、棉花、瓜果可造成危害。

气候干燥的蒙古和我国河套以西与新疆、甘肃一带，是经常产生大陆热低压的地区。热低压离开源地后，沿途经过干热的戈壁沙漠，会变得更加干热，干热风也变得更强盛。位于欧亚大陆中心的塔里木盆地，气候极端干旱，强烈冷锋越过天山、帕米尔高原后产生的“焚风”，往往引起本地区大范围的干热风发生。

在黄淮平原，干热风形成的主要原因是以该区域的大气干旱为基础。春末夏初，正是北半球太阳直射角最大的季节，同时又是我国北方雨季来临前天气晴朗、少雨的时期。在干燥气团控制下，这里天晴、干燥、风多，地面增温快（平均最高气温可达 25～30℃），凝云致雨的机会少，容易形成干热风。这种干热风，对这一带小麦后期的生长发育不利。

在江淮流域，干热风是在太平洋副热带高压西部的西南气流影响下产生的。太平洋副热带高压是一个深厚的暖性高压系统，自地面到高空都是由暖空气组成的。春夏之际，这个高气压停留在江淮流域上空，以后逐渐向北移动。由于在高压区内，风向是顺时针方向吹的，所以在副热带高压的西部，就吹西南风。位于副热带高压偏北部和西部地区，受这股西南风的影响，产生干热风天气。初夏时，北方仍有冷高压不断南下，势力减弱，发生变性；当它与副热带高压合并时，势力又得到加强，使晴好天气继续维持，干热风就更加明显。

在长江中下游平原，梅雨结束后天气晴朗干燥，偏南干热风往往伴随“伏旱”同时出现，对双季早稻（或中稻）抽穗扬花不利。

干热风对作物的危害，主要由于高温、干旱、强风迫使空气和土壤的蒸发量增大，作物体内的水分消耗很快，从而破坏了叶绿素等色素，阻碍了作物的光合作用和合成过程，使植株很快地由下往上青干。尤其是干热风，常常和干旱一起危害作物。作物根部本来就吸不到应有的水分，而干热风却又从茎叶中把大量的水分攫取走了，因而使作物更快地萎黄枯死。

干热风的影响

干热风常发生的初夏时节，正是我国北方小麦灌浆时期，碰上干热风，麦穗会被烤得不能灌浆，提前“枯熟”，麦粒干瘪，粒重下降，导致严重减产。

干热风的危害程度，还与干热风出现前几天的天气状况有关。如雨后骤晴，紧接着出现高温低湿的燥热天气，危害较重。在干热风发生前如稍有降水，对于减轻干热风危害是有利的。从播种时间的早晚来看，晚麦容易受害。所以，农谚说：“早谷晚麦，十年九坏。”从农时来看，小满、芒种是一关，农谚有“小满不满，麦有一险”的说法。就是说，小麦在小满时还没有灌浆乳熟，是容易受到干热风危害的。

季　风

季风是大范围盛行的、风向有明显季节变化的风系。随着风向的季节变化，天气和气候也发生明显的季节变化。“季风”一词来源于阿拉伯语“mawsim”，意为季节。中国古称信风，意为这种风的方向总是随着季节而改变，是季节的信使。现在也经常将季风称为信风，如东南信风，西北信风等。

季风是由海陆分布、大气环流、大陆地形等因素造成的，以 1 年为周期的大范围对流现象。亚洲地区是世界上最著名的季风区，其季风特征主要表现为存在 2 支主要的季风环流，即冬季盛行东北季风和夏季盛行西南季风，并且它们的转换具有暴发性的突变过程，中间的过渡期较短。一般来说，11 月至翌年 3 月为冬季风时期，6—9 月为夏季风时期，4—5 月和 10 月为夏、冬季风转换的过渡时期。但不同地区的季节差异有所不同，因而季风的划分也不完全一致。

季风是大范围盛行的、风向随季节变化显著的风系，和风带一样同属行星尺度的环流系统，它的形成是由冬夏季海洋和陆地温度差异所致。季风在夏季由海洋吹向大陆，在冬季由大陆吹向海洋。

季风活动范围很广，它影响着地球上 1/4 的面积和 1/2 人口的生活。西太平洋、南亚、东亚、非洲和澳大利亚北部，都是季风活动明显的地区，尤以印度季风和东亚季风最为显著。中美洲的太平洋沿岸也有小范围季风区，而欧洲和北美洲则没有明显的季风区，只出现一些季风的趋势和季风现象。

冬季，大陆气温比邻近的海洋气温低，大陆上出现冷高压，海洋上出现相应的低压，气流大范围从大陆吹向海洋，形成冬季季风。冬季季风在北半球盛行北风或东北风，尤其是亚洲东部沿岸，北向季风从中纬度一直延伸到赤道地区，这种季风起源于西伯利亚冷高压，它在向南爆发的过程中，其东亚及南亚产生很强的北风和东北风。非洲和孟加拉湾地区也有明显的东北风吹到近赤道地区。东太平洋和南美洲虽有冬季风出现，但不如亚洲地区显著。

夏季，海洋温度相对较低，大陆温度较高，海洋出现高压或原高压加强，大陆出现热低压；这时北半球盛行西南和东南季风，尤以印度洋和南亚地区最显著。西南季风大部分源自南印度洋，在非洲东海岸跨过赤道到达南亚和东亚地区，甚至到达我国华中地区和日本；另一部分东南风主要源自西北太平洋，以南或东南风的形式影响我国东部沿海。

夏季风一般经历爆发、活跃、中断和撤退4个阶段。东亚的季风爆发最早，从5月上旬开始，自东南向西北推进，到7月下旬趋于稳定，通常在9月中旬开始回撤，路径与推进时相反，在偏北气流的反击下，自西北向东南节节败退。

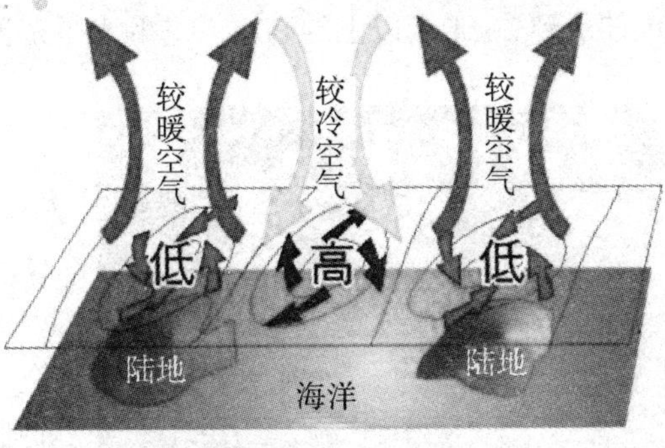

季风形成示意图

季风形成的原因，主要是海陆间热力环流的季节变化。夏季大陆增热比海洋剧烈，气压随高度变化慢于海洋上空，所以到一定高度，就产生从大陆指向海洋的水平气压梯度，空气由大陆指向海洋，海洋上形成高压，大陆形成低压，空气从海洋流向大陆，形成了与高空方向相反气流，构成了夏季的季风环流。在我国为东南季风和西南季风。夏季风特别温暖而湿润。

不过，海陆影响的程度，与纬度和季节都有关系。冬季中、高纬度海陆影响大，陆地的冷高压中心位置在较高的纬度上，海洋上为低压。夏季低纬度海陆影响大，陆地上的热低压中心位置偏南，海洋上的副热带高压的位置向北移动。

当然，行星风带的季节移动，也可以使季风加强或削弱，但不是基本因素。至于季风现象是否明显，则与大陆面积大小、形状和所在纬度位置有关系。大陆面积大，由于海陆间热力差异形成的季节性高、低压就强，气压梯度季节变化也就大，季风也就越明显。北美大陆面积远远小于欧亚大陆，冬季的冷高压和夏季的热低压都不明显，所以季风也不明显。大陆形状呈卧长方形，从西欧进入大陆的温暖气流很难达到大陆东部，所以大陆东部季风明显。北美大陆呈竖长方形，从西岸进入大陆的气流可以到达东部，所以大陆东部也无明显季风。大陆纬度低，无论从海陆热力差异，还是行星风带的季风移动，都有利于季风形成，欧亚大陆的纬度位置达到较低纬度，北美大陆则主要分布在纬度30°以北，所以欧亚大陆季风比北美大陆明显。

台　风

台风是产生在热带洋面上的大气涡旋，是深厚的热带天气系统。它一直可伸展到20千米以上的高空，它的水平范围从数百千米到上千千米。

台　风

发展成熟的台风，一般由螺旋云带、云墙区和台风眼3部分组成。螺旋云带最外层是层积云，然后是浓积云和积雨云。一条条向内旋入的螺旋云带，是台风系统水汽和热量的输送者。云墙区是在台风中心周围高耸的积雨云，宽度约8～20千米，台风的大风暴雨都出现在云墙区内，最大风速出现在云墙区外侧气压梯度最大的地方。最大的暴雨出现在云墙区内侧积雨云发展最旺盛的地方。台风眼是台风的中心所在，这里盛行下沉气流，天空无云，白天可见阳光晚上可见星光，好似台风的眼睛，又像云墙中的一眼深井。

城市风

城市，尤其是大城市，由于有众多的建筑、人口集中和工厂等热源的影响，造成城市比郊区温度为高。人们把这种城市的增温称为城市热岛效应。我国的许多大中城市，都有明显的城市热岛效应。这种城市热岛效应在大型天气系统，如冷锋、台风影响时就往往被掩盖而不突出。当没有明显的天气系统影响时，这种城市热岛效应就显露出来。由于城市上空较四周温度高，就引起空的对流运动，城市上空的暖空气上升，而在郊区下沉，而郊区较冷的空气又流向城市，补充城市上升的空气。这样就形成了城市与郊区之间的小型局地环流——城市风。

城市风的风速不大，一般在1米/秒左右，地面风向是由郊区吹向城市。这种风速不大吹向市区的城市风，对空气污染会有重要的影响。城市中的污染物（烟尘、杂质及有害气体）随着热空气上升，往往笼罩着城市上空形成穹形尘盖，使上升气流受阻而转变为上空由城市流向郊区的水平气流，引到郊区下沉，便将这些污染物带到郊区的地面附近。而当郊区城市风下沉区内有工厂排出的污染物，便随着城市风一起流回城市中心，使城市的空气更加混浊。

因此，在城市规划时，要研究城市上空风流到郊区的距离，以便使一些有污染的工厂布局在下沉距离之外，不使高度污染的空气流回城市。另一方面建立卫星城也应在城市风环流之外，这样才能避免中心城市与卫星也之间的互相污染。

知识点

行星风带

行星风带又称“行星风系”。在不计海陆分布和地形起伏的影响下，大气低层盛行风带的总称。

行星风带表现为：在南北半球两个副热带高压带之间的低纬度盛行信风，北半球为东北信风带，南半球为东南信风带，两信风带之间是赤道低压带；在副热带高压带和副极地低压带之间的中纬度为盛行西风带；在副极地低压带和极地高压带之间的高纬度盛行极地偏东风，北半球为东北风带，南半球为东南风带。

陆龙卷是如何形成的

天气现象之中，最奇特的就是陆龙卷——大雷暴中由天上伸下来的骇人旋风。这种风的寿命很短，很少超过 1 小时，但其威力无疑足以表明它是世上最凶猛的风。

科学家现在约略知道陆龙卷可以这么凶猛，以及如何产生。但可惜我们对一些比较基本的事项所知很少，研究工作仍然离不开猜测的阶段。因此，最了解陆龙卷的专家，还是那几位亲历其境而能生存的目击者。

亲身经历过陆龙卷侵袭的人都说，风来袭之前，天阴而无风，空气热而潮湿。有些人看到风暴云底下有涡旋的气流，又有些人见到两团缓缓旋动的云互相靠拢。大多数人都说，到漏斗状漩涡成形而逐渐移近时，声音非常唬人。前人把这种吼声与马车快速滚过鹅卵石路相聚，今人常把这种声音比作一队喷气式机低飞掠过。

这种吼声可能与飓风及台风所发的声音有关，可是有些亲历其境的人说，陆龙卷来时特有一种莫名其妙的声音，“像百万蜜蜂齐哼的嗡嗡声”。等陆龙卷真正袭来时，接近风眼路径的人常听到类似炸弹爆炸之声。

炸弹爆炸的比喻用得很恰当，因为陆龙卷过后，地面好像经过饱和轰炸一般。建筑物裂开，顶盖掀起，住宅东歪西倒，更有些屋舍片瓦不存，只剩地窖和底脚。汽车、飞机、住宿用的拖车都给风卷起带走，然后抛落坠毁，简直就像抛玩具一样。篱笆铁线或给扭成绳索样子，或卷成捆，火车头有时也给吹离铁轨而翻倒，可怕的风力可能连铁轨也扯起来。

陆龙卷除了力大无穷，还会耍把戏。例如不把一群鸡吹死，但把鸡毛拔光。陆龙卷曾把盖屋的铁皮紧缠在电线杆上，把一根根木头像长矛般插穿房屋和刺中家畜，还有一回插穿一辆货车的轮胎。陆龙卷另一种较为细致而同等惊人的本领，是把小棍和草秆像铁钉一般插入人体内。

这种风虽然寿命不长，但如此凶猛，所经之处，人命多有伤亡当然不足怪了。世界上每年死于陆龙卷的人，数以百计，伤者成千成万，财物损失要以百万美元计。

陆龙卷比其他类型的风暴猛烈得多，于是经常有人提出这样一个有趣的问题：“陆龙卷漏斗柱的风到底有多快呢？”没有人测量过，因此科学家只好根据所受的灾害来做间接估计。布鲁克斯博士是美国测量风速的权威人士，他的估计较为可靠。依他的计算，像1953年6月间闯过马萨诸塞州乌斯特市那个毁坏力特强的陆龙卷，既能把高压电缆的支架摧毁，风速必定在300英里/时左右（1英里=1.6093千米）。还有些科学家揣测，旋风风速可达500~600英里/时，又有人竟然估计超过音速。不过，这些高速之说目前仍有甚多争论，有些科学家认为，风速不会超过200英里/时。

风速只是问题的一部分。陆龙卷是什么东西造成的？让我们先看看已搜集的实地资料，然后研究有待解答的问题。

陆龙卷是旋风族的一员，其他成员有小至微型的尘卷，大至吹过半个大洲的冬季风暴。陆龙卷归于旋风族中较小成员之类。与那些在晴天形成、较为有力的大尘卷及温和的海龙卷不同，陆龙卷显然只在大雷暴的时候出现。幸而平均大约1000个雷暴才生出一个陆龙卷。

甚至在漏斗状的涡旋出现之前，已可看到母云底部打旋。上升空气就在那里渐渐形成陆龙卷。涡旋越来越大，速度也越来越快，漏斗柱从云中向地面垂下来，有如一条象鼻。有时不是一直垂下到地面，而是勾回云端，这种情形的陆龙卷便只会危及飞机。

倘若漏斗柱到地，气旋就搅起一团尘云。常有人说在这团尘云里见到雀鸟绕着漏斗飞翔；事实上，所见的“雀鸟”当然是在旋风中飞舞的屋顶、房屋被吹毁后的零星瓦砾以及其他杂物等。陆龙卷只在漏斗柱所经之处造成灾害，因此，也许一座房屋荡然无存，而隔壁一座却安然无恙。

雷暴生旋风之事，虽在热带也有所闻，但以温带为多，大概是由于温带地区温度差异大，冷暖气团相遇时就产生猛烈雷暴。北美中部有世界上受陆龙卷蹂躏最强烈的地区之称，这无疑是当地人不欢迎的一项“世界之最”。那个地区的雷暴通常都很猛烈，尤以春季为然。在墨西哥湾一带，陆龙卷季节始于2月，春夏两季移向北方。

陆龙卷多在下午3时左右形成，这时太阳把空气温度热至全日最高点。可是夜里也不是绝对没有陆龙卷。不论何时发生，漏斗柱通常以母云的速度移动，慢时等于我们步行的速度，快时可达112千米/时。一般来说，在一地为患不会超过1分钟，有时仅数秒而已。

目前解释陆龙卷成因最普遍的说法，认为大气中下层空气又暖又湿，上层空气又冷又干，到这两层空气的温度相差极大时，就会造成陆龙卷，因为暖空气上升进入冷空气时，水分凝结，放出热同时产生一般足以造成陆龙卷的强烈涡旋上升气流。但这个说法解释雷雨云比解释陆龙卷好得多。单单是温差，似乎仍不能产生那么强烈的陆龙卷风力，甚至连威力不及一半的风也难产生。温差也无法解释何以只有最大、最猛的雷暴才产生陆龙卷。另外有一种说法则认为，陆龙卷附近常见到落下的大雹块，是这种风的成因。可是气象学家多半认为，冰雹无法引发陆龙卷的上升气流，何况，陆龙卷又不一定有冰雹。

那么，陆龙卷的成因是什么呢？180多年前，电气说一度甚为流行。1830年末，美国有位科学家黑尔说：“我研究过所有事实后，认为陆龙卷是一股代替通常闪电，而使地面与云之间放电的带电气流所造成。”大约同一时间，法国物理学家贝奇埃写了一整本书，辩说陆龙卷确有电气本质。

陆龙卷的电气说当时显然有相当多人接纳，直到1887年，美国陆军通讯队的芬德利上校举出不下143个理由，说明陆龙卷不可能由电气造成。自此以后，电气说便失去了科学界的支持，这个概念也几乎给人完全遗忘了。

美国白艾思先生是一个科学家，研究大气已有 25 年余。由 1953 年陆龙卷摧残乌斯特市时开始，艾思才对陆龙卷的电气说发生兴趣。那晚，艾思从剑桥市的一个研究室下班回到家里，接到友人电话，说在大西洋上空东南方，有很不寻常的闪电。艾思去到岸边，见到平生所见最壮观的闪电。闪电与 6 小时前在乌斯特市出现的陆龙卷，俱是同一风景造成，艾思那时看见几乎恒定的亮光——每秒钟起码有 20 道闪光。据当时相距约 50 千米所摄得的照片，艾思能推算出闪电来自雷雨云的云堤，云顶距海面约 20 千米。艾思于是估计产生这样一个景象所需的电力，得出一个难以置信的数字。

艾思随即忽发奇想，也许这样的电能与陆龙卷的形成会有点关系吧。随便计算一下，就知道这样大的力量可能足以推动陆龙卷的风。艾思于是着手翻查陆龙卷的资料，调查两件事：这类风暴是否经常有闪电相随？目击者观察到任何不寻常电气现象吗？两个问题都有肯定答案。

艾思查阅《美国的陆龙卷》一书，读到一位曾在航空公司担任气象工作的人说，陆龙卷大抵都有一种特殊而强烈的闪电相随。该书又录了一位目击者的话："有一种嘶嘶尖叫之声，直接从漏斗柱尽头传来。我抬头倾望，直望到陆龙卷的中心，真难以置信。漏斗柱中央有个圆洞，依我在那种环境所能作出的估量，直径大约 15～30 米，一直向上伸展，起码有 250 米高，洞壁都是旋动的云，整个洞给闪电照得通明，闪电不断显现，由一边到另一边，成'之'字形。若无闪电，我也看不见洞口和任何洞内情景。"

艾思在翻阅资料时发现，陆龙卷与发光闪电相随之事，人类早已知道，所以拉丁文有"普雷斯特龙卷"一词，意为"一种火样旋风降落地上，形如火柱"。显然，艾思常以为很新的电气说，也许应当称为古老的正统解释。

海龙卷是如何形成的

无数站在岸上的人，都被眼前的景象弄得发呆。一根直径 44 米、高逾 0.8 米的大水柱，矗立在美国马萨诸塞州南塔克特湾离岸不到 6 英里的海面上，像个黑色的活妖怪。

美国这一带海岸，有 27 年没见过海龙卷。至于体积如此大，又可让这么多人在岸上安全观看的，更是前所未有。1896 年 8 月 19 日下午，漫沙文雅岛居民

龙卷风情景

怀着惊惧的心情，看了40分钟。

海龙卷是什么？怎样形成？在什么地方出现？

海龙卷基本上是风和水卷起的漩涡，与陆龙卷相似，只不过出现在海上。海龙卷有截然不同的2类。第一类通常是在陆上已形成的陆龙卷或龙卷云吹入海中而产生的。这种海龙卷像陆龙卷一样，风势猛烈，卷起凶险的漩涡，有如乌黑的漏斗，顶上的云海汹涌。第二类较为常见，是在天晴时出现的水柱。这类水柱跟风暴引起的水柱不同，在海面上形成，朝天空打旋，很像陆上常见的尘卷。晴天出现的水柱，通常都很细小，为时甚短，实际上不会酿成灾害，看起来也只是使人感到奇怪并不十分可怕。那回在漫沙文雅岛海域内出现的水柱确是惊心动魄，可以肯定是陆龙卷吹到海面的那一类。

1896年8月19日早晨，天气暖和，吹轻微北风，有云。中午，西北方满天雷雨云，表示风雨将到，天气要变坏。居民吃午餐时，积雨云已来到漫沙文雅岛与南塔克特两海湾接壤的地方，看来要下雨了。

12时45分，有人喊道，“海龙卷！海龙卷！”转瞬间，已有几十人拥到海岸去看。这个景象出现了约12分钟，海滩附近的人方才看到。目击者嘉烈特追述当时的景象说：“我们当时在沙滩上，看见天空有团怪模怪样的云。起先云团吊着条怪东西，我们还有人把它看作‘冰柱’。大家转身走回家的时候，有人回顾看见冰柱有了变化，我们就驻足观看。只见它越长越大，像一层又长又薄的灰白色雾幕。雾幕慢慢垂下时，海湾的海水却朝上升起来。”

这光亮灰白的东西逐渐变成乌黑，一直保持与海面几成直角，又向上扩散成漏斗形，直趋云底。等到当地摄影家把摄影机弄妥时，水柱已消散了。这时海滩上站满了人。水柱不见了，但是大云团下面的海水不停沸腾。那里显然还有一股强力的旋风，虽然暂时看不见，但随时可能再度现形。

果然，那个云团在下午1点整，又生出一个乌黑漏斗，比前一个宽阔得多。这一回，漏斗管越来越粗，随着顶上的云团，安稳缓慢地向东南移动。

正在度假的诺思牧师也被这个景象深深地吸引住："海上水平如镜，空气几乎停留不动，阳光普照，蔚蓝色的天空，到处飘着夏日的轻云；这时高空上出现一团黑色水汽，拖着一条水柱笔直地插在水面上，与晴空背景构成怪异的对照。此外还有一道道青灰色的电光，不时穿射高空的乌云，把整个景象弄得更加神秘。水柱与乌云相接之处稍呈漏斗形，柱身的直径，整条都是一样。柱底的海水，搅起大团白沫水花，有大帆船的桅墙那么高。"

岸上的人离得太过，听不见巨柱的吼声。"阿法仑"号帆船当时正位于水柱与海岸之间，所以船上的人另有不同的感受，这个怪物不仅加倍巨大，加倍可怖，而且旋风的威力更把人吓得目瞪口呆。

下午1时18分，水柱慢慢消散。但过了2分钟，岸上几千个看得心惊肉跳的人又看见奇景第三度重现。这回不再是圆柱形，而是圆锥形。尖端在海平面隐约可见。柱身弯向东南，姿态优美。

5分钟后，旋风渐弱，凝聚力减低，最后水柱消散。瓦萨学院的地质学教授德怀特，刚好在漫沙文雅岛度假。他把最后一幕的惊人景象描述如下：

"这种自然现象快要消失时，东半边天乌云密布，天色相当昏暗，西半边天却阳光普照，向着黑沉沉的东方闪耀。当时绚丽的景色真是罕见，非笔墨可以形容。海湾水面几里远，都给各种颜色照得通明。有鲜蓝、绿、黄、灰，一片一片的，海底沙石和海草的颜色决定。水柱和风景乌云，把各种色彩衬托得更浓了。成千上万的人挤满海滩上，怀着又赞赏又恐惧的心情，目不转睛地观看。"

旋风消失后，海水也平静下来。三场奇景在下午1时28分结束。从海滩上最先发现水柱，人们奔走相告时算起，全部过程历时40分钟。

海龙卷消失之后，一道冷锋跟着扫过漫沙文雅岛。下午1时3刻，开始打雷。3时，豪雨倾盆而下。州卫生局长艾博特医生讲述其后的情形：

"海龙卷消失后不久，有显著的大气扰动。1小时前后，雷电交加，雨雹倾盆而下。初时西北方出现浓密的乌云，接着西南方狂风大作，转瞬间风向从东北转东南，然后转西南而西北。下午2时，气温是56℉。这个地方的气温，整个夏天都徘徊在70℉上下，56℉可算是很低了。"

美国气象局的气象学家比奇洛教授对这次自然现象研究得很详尽。他访问了许多位目击者，其中有几位还是任职气象局的观测员，他们在事发当日刚好在场。他从访问所得，加上仔细检视过所有照片后，对水柱的大小，有以下的结论：

海面水柱直径——————73 米

水柱中部涡管直径—————42 米

云底涡管的直径——————256 米

涡管全长———————约 1097 米

云顶的高度——————约 4870 米

水柱移动的平均时速———1.7 米

自然现象出现奇观时，往往会造成大灾害，损失无数生命。1896 年美国的那次海龙卷的自然现象，规模如此大，却不伤一人不损一物，真是罕见。事实上，除“阿法仑”号帆船上的人外，其他受到若干危险威胁的，只是一艘单桅船上的船员。他们的船在水柱附近，因没有风而停下来。但他们可以近看这个惊人的海洋奇景，受一点惊吓也算有收获。

正如诺思牧师所说：“从前见过这种奇景的人恐怕千中无一，终生也难得再见。”气象观测员乃弗特把当日在场者的感受总结得很好，他说：“这是个难忘的景象。到了下午 4 点左右，天气转晴，每个人都因为逃过了大难而深表庆幸。”

雨是如何形成的

雨是从云中降落的水滴。地球上的水受到太阳光的照射后，就变成水蒸气被蒸发到空气中去了。水汽在高空遇到冷空气便凝聚成小水滴。这些小水滴都很小，直径只有 0.01 ~0.02 毫米，最大也只有 0.2 毫米。它们又小又轻，被空气中的上升气流托在空中。就是这些小水滴在空中聚成了云。这些小水滴要变成雨滴降到地面，它的体积大约要增大 100 多万倍。这些小水滴是怎样使自己的体积增长到 100 多万倍的呢？

它主要依靠 2 个手段：①凝结和凝华增大。②依靠云滴的碰并增大。在雨滴形成的初期，云滴主要依靠不断吸收云体四周的水汽来使自己凝结和凝华。如果云体内的水汽能源源不断得到供应和补充，使云滴表面经常处于过饱和状态，那么，这种凝结过程将会继续下去，使云滴不断增大，成为雨滴。但有时云内的水汽含量有限，在同一块云里，水汽往往供不应求，这样就不可能使每个云滴都增大为较大的雨滴，有些较小的云滴只好归并到较大的云

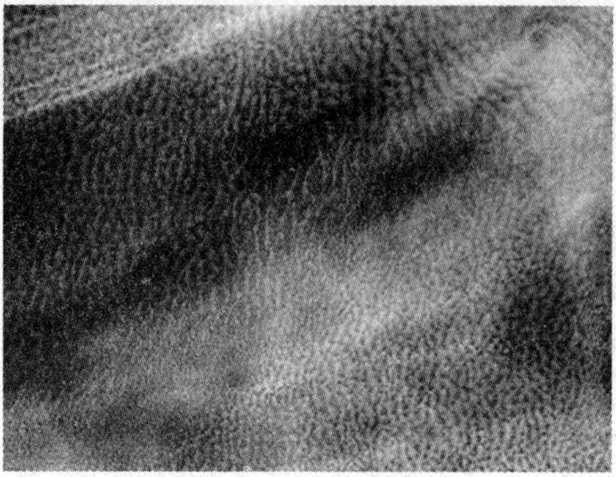

云 滴

滴中去。

如果云内出现水滴和冰晶共存的情况，那么，这种凝结和凝华增大过程将大大加快。当云中的云滴增大到一定程度时，由于大云滴的体积和重量不断增加，它们在下降过程中不仅能赶上那些速度较慢的小云滴，而且还会吞并更多的小云滴而使自己壮大起来。当大云滴越长越大，最后大到空气再也托不住它时，便从云中直落到地面，成为雨水。

知识点

凝 华

凝华是物质从气态不经过液态而直接变成固态的现象。是物质在温度和气压高于三相点的时候发生的一种物态变化。

形成凝华的条件比较特殊，一般是要求气体的浓度要到达一定的要求，温度要低于三相点的温度，比如低于0摄氏度的时候的水蒸气等，形成原因一般是急剧降温或者由于升华现象造成。

凝华的实际现象有：冬夜，室内的水蒸气常在窗玻璃上凝华成冰晶；树枝上的“雾凇”等；用久的电灯泡会显得黑，是因为钨丝受热升华形成的钨蒸气又在灯光泡壁上凝华成极薄的一层固态钨。

雨的“亲友邻居”

水是地球上各种生灵存在的根本。水的变化和运动造就了我们今天的世界。在地球上，水是不断循环运动的。海洋和地面上的水受热蒸发到天空中，这些水汽又随着风运动到别的地方，当它们遇到冷空气，形成降水又重新回到地球表面。这种降水分为 2 种：①液态降水，这就是下雨；②固态降水，这就是下雪或下冰雹等。大气里以固态形式落到地球表面上的降水，叫做大气固态降水。

大气固态降水是多种多样的，除了雪花以外，还包括能造成很大危害的冰雹，还有我们不经常见到的雪霰和冰粒。由于天空中气象条件和生长环境的差异，造成了形形色色的大气固态降水。这些大气固态降水的叫法因地而异，因人而异，名目繁多，极不统一。为了方便起见，国际水文协会所属的国际雪冰委员会，在征求各国专家意见的基础上，于 1949 年召开了一个专门性的国际会议，会上通过了关于大气固态降水简明分类的提案。这个简明分类，把大气固态降水分为 10 种：雪片、星形雪花、柱状雪晶、针状雪晶、多枝状雪晶、轴状雪晶、不规则雪晶、霰、冰粒和雹。前面的 7 种统称为雪。为什么后面 3 种不能叫做雪呢？原来由气态的水汽变成固态的水有 2 个过程：①水汽先变成水，然后水再凝结成冰晶；②水汽不经过水，直接变成冰晶，这种过程叫做水的凝华。所以说雪是天空中的水汽经凝华而来的固态降水。

雪

雪是大气固态降水中的一种最主要的形式。冬季，我国许多地区的降水，是以雪的形式出现的。由于降落到地面上的雪花的大小、形状以及积雪的疏密程度不同，雪是以雪融化后的水来度量的。气象上一般把雪按 24 小时内降水量分为 4 个等级：0.1 ~2.4 毫米的雪称为小雪；2.5 ~4.9 毫米的雪称为中雪；5.0 ~9.9 毫米的雪称为大雪；10 毫米以上（含 10 毫米）的雪称为暴雪。从降水量看，即使暴雪的量级也仅仅相当于雨量中的中雨。粗略地估计，10 毫米深的积雪仅能融化为 1 毫米的水。

1. 雪花的形成

在天空中运动的水汽怎样才能形成降雪呢？是不是温度低于零度就可以了？不是的，水汽想要结晶，形成降雪必须具备 2 个条件：

（1）水汽饱和。空气在某一个温度下所能包含的最大水汽量，叫做饱和水汽量。空气达到饱和时的温度，叫做露点。饱和的空气冷却到露点以下的温度时，空气里就有多余的水汽变成水滴或冰晶。因为冰面饱和水汽含量比水面要低，所以冰晶生长所要求的水汽饱和程度比水滴要低。也就是说，水滴必须在相对湿度（相对湿度是指空气中的实际水汽压与同温度下空气的饱和水汽压的比值）不小于100%时才能增长；而冰晶呢，往往相对湿度不足100%时也能增长。例如，空气温度为－20℃时，相对湿度只有80%，冰晶就能增长了。气温越低，冰晶增长所需要的湿度越小。因此，在高空低温环境里，冰晶比水滴更容易产生。

（2）空气里必须有凝结核。有人做过试验，如果没有凝结核，空气里的水汽，过饱和到相对湿度500%以上的程度，才有可能凝聚成水滴。但这样大的过饱和现象在自然大气里是不会存在的。所以没有凝结核的话，我们地球上就很难能见到雨雪。凝结核是一些悬浮在空中的很微小的固体微粒。最理想的凝结核是那些吸收水分最强的物质微粒。比如说海盐、硫酸、氮和其他一些化学物质的微粒。所以我们有时才会见到天空中有云，却不见降雪，在这种情况下人们往往采用人工降雪。

2. 雪花的基本形状

下雪时的景致美不胜收，但科学家和工艺美术师赞叹的还是小巧玲珑的雪花图案。远在100多年前，冰川学家们已经开始详细描述雪花的形态了。

雪　景

西方冰川学的鼻祖丁铎耳在他的古典冰川学著作里，这样描述他在罗扎峰上看到的雪花：“这些雪花……全是由小冰花组成的，每一朵小冰花都有6片花瓣，有些花瓣像山苏花一样放出美丽的小侧舌，有些是圆形的，有些又是箭形的，或是锯齿形的，有些是完整的，有些又呈格状，但都没有超出六瓣型的范围。”

在我国，早在公元前100多年的西汉文帝时代，有位名叫韩婴的诗人，他写了一本《韩诗外传》，在书中明确指出，“凡草木花多五出，雪花独六出。”

雪花的基本形状是六角形，但是大自然中却几乎找不出两朵完全相同的雪花，就像地球上找不出两个完全相同的人一样。许多学者用显微镜观测过成千上万朵雪花，这些研究最后表明，形状、大小完全一样和各部分完全对称的雪花，在自然界中是无法形成的。

在已经被人们观测过的这些雪花中，再规则匀称的雪花，也有畸形的地方。为什么雪花会有畸形呢？因为雪花周围大气里的水汽含量不可能左右上下四面八方都是一样的，只要稍有差异，水汽含量多的一面总是要增长得快一些。

雪　花

世界上有不少雪花图案搜集者，他们像集邮爱好者一样收集了各种各样的雪花照片。有个名叫宾特莱的美国人，花了毕生精力拍摄了近6000张照片。前苏联的摄影爱好者西格尚，也是一位雪花照片的摄影家，他的令人销魂的作品经常被工艺美术师用来作为结构图案的模型。日本人中谷宇吉郎和他的同事们，在日本北海道大学实验室的冷房间里，在日本北方雪原上的帐篷里，含辛茹苦20年，拍摄和研究了成千上万朵的雪花。

但是，尽管雪花的形状千姿百态，却万变不离其宗，所以科学家们才有可能把它们归纳为前面讲过的7种形状。在这7种形状中，六角形雪片和六棱柱状雪晶是雪花的最基本形态，其他5种不过是这2种基本形态的发展、变态或组合。

3. 雪的作用

“瑞雪兆丰年”是我国广为流传的农谚。在北方，一层厚厚而疏松的积雪，像给小麦盖了一床御寒的棉被。雪中所含有的氮素，易被农作物吸收利用。雪水温度低，能冻死地表层越冬的害虫，也给农业生产带来好处。所以又有一句农谚“冬天麦盖三层被，来年枕着馒头睡”。

雪的作用很广，对人类有很大的好处。首先是有利于农作物的生长发育。

因雪的导热本领很差，土壤表面盖上一层雪被，可以减少土壤热量的外传，阻挡雪面上寒气的侵入，所以，受雪保护的庄稼可安全过冬。积雪还能为农作物储蓄水分。此外，雪还能增强土壤肥力。据测定，每1升雪水里，约含氮化物7.5克。雪水渗入土壤，就等于施了一次氮肥。用雪水喂养家畜家禽、灌溉庄稼都可收到明显的效益。

当然，雪对人有利也有害处，在三四月份的仲春季节，如突然因寒潮侵袭而下了大雪，就会造成冻寒。所以农谚说："腊雪是宝，春雪不好。"

雾

雾有3种定义：①凡是大气中因悬浮的水汽凝结，能见度低于1千米时，气象学称这种天气现象为雾。②雾是接近地面的云。③雾是由悬浮在大气中微小液滴构成的气溶胶。

当空气容纳的水汽达到最大限度时，就达到了饱和。而气温越高，空气中所能容纳的水汽也愈多。1立方米的空气，气温在4℃时，最多能容纳的水汽量是6.36克；而气温是20℃时，1立方米的空气中最多可以含水汽量是17.30克。如果空气中所含的水汽多于一定温度条件下的饱和水汽量，多余的水汽就会凝结出来，当足够多的水分子与空气中微小的灰尘颗粒结合在一起，同时水分子本身也会相互黏结，就变成小水滴或冰晶。空气中的水汽超过饱和量，凝结成水滴，这主要是气温降低造成的。这也是为什么秋冬早晨多雾的原因。

如果地面热量散失，温度下降，空气又相当潮湿，那么当它冷却到一定的程度时，空气中一部分的水汽就会凝结出来，变成很多小水滴，悬浮在近地面的空气层里，就形成了雾。它和云都是由于温度下降而造成的，雾实际上也可以说是靠近地面的云。

白天温度比较高，空气中可容纳较多的水汽。但是到了夜间，温度下降了，空气中能容纳的水汽的能力减少了，因此，一部分水汽会凝结成为雾。特别在秋冬季节，由于夜长，而且出现无云风小的机会较多，地面散热较夏天更迅速，以致使地面温度急剧下降，这样就使得近地面空气中的水汽，容易在后半夜到早晨达到饱和而凝结成小水珠，形成雾。秋冬的清晨气温最低，便是雾最浓的时刻。

1. 形成条件

雾形成的条件①冷却，②加湿，③有凝结核。增加水汽含量，这是由辐射冷却形成的，多出现在晴朗、微风、近地面水汽比较充沛且比较稳定或有逆温存在的夜间和清晨，气象上叫辐射雾；另一种是暖而湿的空气作水平运动，经过寒冷的地面或水面，逐渐冷却而形成的雾，气象上叫平流雾；有时兼有两种原因形成的雾叫混合雾。可以看出，具备这些条件的就是深秋初冬，尤其是深秋初冬的早晨。

我们还可以看到一种蒸发雾。即冷空气流经温暖水面，如果气温与水温相差很大，则因水面蒸发大量水汽，在水面附近的冷空气便发生水汽凝结成雾。这时雾层上往往有逆温层存在，否则对流会使雾消散。所以蒸发雾范围小，强度弱，一般发生在下半年的水塘周围。

雾　岭

城市中的烟雾是另一种原因所造成的，那就是人类的活动。早晨和晚上正是供暖锅炉的高峰期，大量排放的烟尘悬浮物和汽车尾气等污染物在低气压、风小的条件下，不易扩散，与低层空气中的水汽相结合，比较容易形成烟尘（雾），而这种烟尘（雾）持续时间往往较长。

雾消散的原因：①下垫面的增温，雾滴蒸发；②风速增大，将雾吹散或抬升成云；再有就是湍流混合，水汽上传，热量下递，近地层雾滴蒸发。

雾的持续时间长短，主要和当地气候干湿有关。一般来说，干旱地区多短雾，多在1小时以内消散；潮湿地区则以长雾最多见，可持续6小时左右。

此外，有雾还不能有风。不然，空气中的小水珠被风吹散，雾也是聚不起来的。

2. 雾的分类

根据空气达到过饱和的具体条件不同，通常把雾分为以下几种：

（1）辐射雾。陆地上最常见的是辐射雾。这种雾是空气因辐射冷却达到过饱和而形成的，主要发生在晴朗、微风、近地面、水汽比较充沛的夜间或早晨。这时，天空无云阻挡，地面热量迅速向外辐射出去，近地面层的空气温度迅速下降。如果空气中水汽较多，就会很快达到过饱和而凝结成雾。

另外，风速对辐射雾的形成也有一定影响。如果没有风，就不会使上下层空气发生交换，辐射冷却效应只发生在贴近地面的气层中，只能生成一层薄薄的浅雾。如风太大，上下层空气交换很快，流动也大，气温不易降低很多，则难于达到过饱和状态。只有在 1 ~ 3 米/秒的微风时，有适当强度的交流，既能使冷却作用伸展到一定高度，又不影响下层空气的充分冷却，因而最利于辐射雾的形成。

辐射雾出现在晴朗无云的夜间或早晨，太阳一升高，随着地面温度上升，空气又回复到未饱和状态，雾滴也就立即蒸发消散。因此早晨出现辐射雾，常预示着当天有个好天气。“早晨地罩雾，尽管晒稻谷”、“十雾九晴”就是指的这种辐射雾。

（2）平流雾。当温暖潮湿的空气流经冷的海面或陆面时，空气的低层因接触冷却达到过饱和而凝结成的雾就是平流雾。

只要有适当的风向、风速，雾一旦形成，就常持续很久，如果没有风，或者风向转变，暖湿空气来源中断，雾也会立刻消散。

（3）蒸汽雾。如果水面是暖的，而空气是冷的，当它们温差较大的时候，水汽便源源不断地从水面蒸发出来，闯进冷空气，然后又从冷空气里凝结出来

山东蓬莱的平流雾奇观

成为蒸汽雾。

一般在南方的暖洋流进到极地区域时，极地的冷空气覆盖在暖水面上而形成蒸汽雾。例如北大西洋上就有一股强大的墨西哥湾流的暖洋流，经常突入北极的海洋上，造成北极洋面上大规模的蒸汽雾。有时候，北极的冷空气停留在冰面上，在冰面裂开的地方，冰下较暖的水就露出来，形成局部的蒸汽雾，蒸汽雾大都出现在高纬度的北极地区，所以人们常称它为“北极烟雾”。

除了极地区域外，冷空气覆盖暖水面的情形还常出现在内陆湖滨地区。夜间湖水面比陆面暖，当夜间陆风吹到暖的湖面上时，在湖面上就会形成一层比较浅薄的蒸汽雾。秋、冬季节，每当冷空气南下以后，在天晴风小的早晨，暖水面还来不及冷却时，就弥漫着这种蒸汽雾。

（4）上坡雾。这是潮湿空气沿着山坡上升，绝热冷却使空气达到过饱和而产生的雾。这种潮湿空气必须稳定，山坡坡度必须较小，否则形成对流，雾就难以形成。

（5）锋面雾。经常发生在冷、暖空气交界的锋面附近。锋前锋后均有，但以暖锋附近居多。锋前雾是由于锋面上面暖空气云层中的雨滴落入地面冷空气内，经蒸发，使空气达到过饱和而凝结形成；而锋后雾，则由暖湿空气移至原来被暖锋前冷空气占据过的地区，经冷却达到过饱和而形成的。因为锋面附近的雾常跟随着锋面一道移动，军事上就常常利用这种锋面雾来掩护部队，向敌人进行突然袭击。

（6）其他雾。随着现代工业的发展，又增添了许多新雾。比如工业排放废气形成的废气形成的光化学烟雾，锅炉、窑炉和生活小煤炉排放的黑色烟雾等。

雾　凇

雾凇是水汽凝结而成的冰花。

宋曾巩《冬夜即事》诗即有所载：“香消一榻氍毹暖，月澹千门雾凇寒。闻说丰年从此始，更回笼烛卷廉看。”自注：“齐寒甚，夜气如雾，凝于木上，旦起视之如雪，日出飘满阶庭，尤为可爱，齐人谓之雾凇。谚曰：‘雾凇重雾凇，穷汉置饭甕。’以为丰年之兆。”宋人称“雾凇”，而“以为丰年之兆”。其观念很可能源于雾凇的古名“树稼”。

雾凇俗称树挂，在北方很常见，是北方冬季可以见到的一种类似霜降的

雾 凇

自然现象，是一种冰雪美景。是由于雾中无数0℃以下而尚未结冰的雾滴随风在树枝等物体上不断积聚冻黏的结果，表现为白色不透明的粒状结构沉积物。因此雾凇现象在我国北方是很普遍的，在南方高山地区也很常见，只要雾中有过冷却水滴就可形成。

过冷水滴（温度低于0℃）碰撞到同样低于冻结温度的物体时，便会形成雾凇。当水滴小到一碰上物体马上冻结时便会结成雾凇层或雾凇沉积物。雾凇层由小冰粒构成，在它们之间有气孔，这样便造成典型的白色外表和粒状结构。由于各个过冷水滴的迅速冻结，相邻冰粒之间的内聚力较差，易于从附着物上脱落。被过冷却云环绕的山顶上最容易形成雾凇，它也是飞机上常见的冰冻形式。在寒冷的天气里，泉水、河流、湖泊或池塘附近的蒸雾也可形成雾凇。雾凇是受到人们普遍欣赏的一种自然美景，但是它有时也会成为一种自然灾害。严重的雾凇有时会将电线、树木压断，造成损失。

我国吉林省吉林市的雾凇仪态万方、独具风韵的奇观，让络绎不绝的中外游客赞不绝口。然而很少有人知道雾凇对自然环境、人类健康所做的贡献。

每当雾凇来临，吉林市松花江岸十里长堤“忽如一夜春风来，千树万树梨花开”，柳树结银花，松树绽银菊，把人们带进如诗如画的仙境。

在美丽之外，吉林雾凇也有很多实际的用处。北方也有一些地方偶尔也有雾凇出现，但其结构紧密，密度大，对树木、电线及某些附着物有一定的破坏力。而吉林雾凇不仅因为结构很疏松，密度很小，没有危害，而且还对人类有很多益处。

现代都市空气质量的下降是让人担忧的问题，吉林雾凇可是空气的天然清洁工。人们在观赏玉树琼花般的雾凇时，都会感到空气格外清新舒爽、滋润肺腑，这是因为雾凇有净化空气的内在功能。空气中存在着肉眼看不见的大量微粒，其直径大部分在2.5微米以下，约相当于人类头发丝直径的1/40，体积很小，重量极轻，悬浮在空气中，危害人的健康。据美国对微粒污染危害做的调查测验表明，微粒污染重比微粒污染轻的城市，患病死亡率高15%，微粒每年导致5万人死亡，其中大部分是已患呼吸道疾病的老人和儿童。雾凇初始阶段的凇附，吸附微粒沉降到大地，净化空气。因此，吉林市的雾凇不仅在外观上洁白无瑕，给人以纯洁高雅的风貌，而且还是天然大面积的空气“清洁器”。

注重保健的人都不会对空气加湿器、负氧离子发生器等感到陌生，其实吉林市雾凇就是天然的“负氧离子发生器”。所谓负氧离子，是指在一定条件下，带负电的离子与中性的原子结合，这种多带负离子的原子，就是负氧离子。负氧离子，也被人们誉为空气中的“维生素”、“环境卫士”、“长寿素”等，它有消尘灭菌、促进新陈代谢和加速血液循环等功能，可调整神经，提高人体免疫力和体质。在出现浓密雾凇时，因不封冻的江面在低温条件下，水滴分裂蒸发大量水汽，形成了“喷电效应”，因而促进了空气离子化，也就是在有雾凇时，负氧离子增多。据测，在有雾凇时，吉林松花江畔负氧离子每立方厘米可达上千至数千个，比没有雾凇时的负氧离子可多5倍以上。

噪音也是现代都市生活给人们带来的一个有害副产品，吉林市雾凇是环境的天然“消音器”。噪音使人烦躁、疲惫、精力分散以及工作和学习效率降低，并能直接影响人们的健康以至于生命。人为控制和减少噪音危害，需要一定条件，并且又有一定局限性。吉林市雾凇由于具有浓厚、结构疏松、密度小、空隙度高的特点，因此对音波反射率很低，能吸收和容纳大量音波，在形成雾凇的成排密集的树林里感到幽静，就是这个道理。

此外，根据吉林市雾凇出现的特点、周期规律等，还可反馈未来天气和年成信息，为各行各业兴利避害、增收创利做出贡献。

那么，为什么吉林市的雾凇特别著名，以致号称为中国四大自然奇观之一，每年都吸引几万中外游客远道来此观赏呢？

原来，关键是因为这里存在着“严寒的大气和温暖的江水”二者互相矛盾的自然条件的缘故。吉林市冬季气候严寒，清晨气温一般都低至-20～-25℃，尽管松花湖面上结了1米厚的坚冰，而从松花湖大坝底部丰满水电站水闸放出来的湖水却在零上4℃。这25～30℃的温差使得湖水刚一出闸，就如开锅般地腾起浓雾。

雾凇是一种附着于地面物体（如树枝、电线）迎风面上的白色或乳白色不透明冰层。它也是由过冷水滴凝结而成。不过，这些过冷水滴不是从天上掉下来的，而是浮在气流中由风携带来的。这种水滴要比形成雨凇的雨滴小许多，称为雾滴，实际上，也就是组成云的云滴。当它们撞击地物表面后，会迅速冻结。由于雾凇中雾滴与雾滴间空隙很多，因此雾凇呈完全不透明的白色。雾凇轻盈洁白，附着在树木物体上，宛如琼树银花，清秀雅致。

花江水源源流过吉林市区，十分壮观。这就是美丽的吉林雾凇得天独厚的原料来源。它使得江畔长堤上的大柳树成了“白发三千丈”的雪柳，苍松则成了“玉菊怒放”的雪松。这种得天独厚条件形成的雾凇即奇厚又结构疏松，因而显得特别轻柔丰盈、婀娜多姿、美丽绝伦。在全中国，以至更大范围内，哪里能再找到这样的条件呢？一般低温地区不可能有不冻的江水，而江水不冻的地区又绝不可能有如此低温的大气环境。可见，在中国四大自然奇观中，桂林山水、路南石林和长江三峡都是“天生丽质”，而独吉林市雾凇是“人工仙境”，即丰满水电站建成发电后才有的。

雾凇的密度小，重量轻，对于电线、树木的破坏性要比雨凇小得多。当电线上的雾凇严重时会折断电线，造成停电事故。

据吉林气象站记录，吉林市雾凇季节一般从每年的11月下旬开始，到次年的3月上旬结束。

雾凇有2种：①过冷却雾滴碰到冷的地面物体后迅速冻结成粒状的小冰块，叫粒状雾凇，它的结构较为紧密。②由过冷却雾滴凝华而形成的晶状雾凇，结构较松散，稍有震动就会脱落。

雾凇出现最多的地方是吉林省的长白山地区，年平均出现178.9天，最多的年份有187天。

雨　凇

雨凇和雾凇的形成机制差不多，通常出现在阴天，多为冷雨产生，持续时间一般较长，日变化不很明显，昼夜均可产生。雨凇是在特定的天气背景下产生的降水现象。形成雨凇时的典型天气是微寒（0～3℃）且有雨，风力强、雾滴大，多在冷空气与暖空气交锋，而且暖空气势力较强的情况下才会发生。在此期间，江淮流域上空的西北气流和西南气流都很强，地面有冷空气侵入，这时靠近地面一层的空气温度较低（稍低于0℃），1500～3000米上

古亭山上的雨凇

空又有温度高于摄氏零度的暖气流北上，形成一个暖空气层或云层，再往上 3000 米以上则是高空大气，温度低于摄氏零度，云层温度往往在 -10℃ 以下，即 2000 米左右高空，大气温度一般为 0℃ 左右，而 2000 米以下温度又低于 0℃。也就是近地面存在一个逆温层。大气垂直结构呈上下冷、中间暖的状态，自上而下分别为冰晶层、暖层和冷层。

从冰晶层掉下来的雪花通过暖层时融化成雨滴，接着当它进入靠近地面的冷气层时，雨滴便迅速冷却，成为过冷却雨滴（大气中有这样的物理特性：气温在零下几十℃时，仍呈液态，被称为“过冷却”水滴，如过冷却雨滴、过冷却雾滴）。形成雨凇的雾滴、水滴均较大，而且凝结的速度也快。由于这些雨滴的直径很小，温度虽然降到 0℃ 以下，但还来不及冻结便掉了下来。

当这些过冷雨滴降至温度低于 0℃ 的地面及树枝、电线等物体上时，便集聚起来布满物体表面，并立即冻结。冻结成毛玻璃状透明或半透明的冰层，使树枝或电线变成粗粗的冰棍，一般外表光滑或略有隆突。有时还边滴淌、边冻结，结成一条条长长的冰柱，就变成了我们所说的“雨凇”。如果雨凇是由非过冷却雨滴降到冷却得很厉害的地面或物体上及雨夹雪凝附和冻结而形成的时候，即由外表非晶体形成的冰层和晶体状结冰共同混合组成，一般这种雨凇很薄而且存在的时间不长。

冰　雹

冰雹也叫“雹”，俗称雹子，有的地区叫“冷子”，夏季或春夏之交最为常见。它是一些小如绿豆、黄豆，大似栗子、鸡蛋的冰粒。我国除广东、湖南、湖北、福建、江西等省冰雹较少外，各地每年都会受到不同程度的雹灾。尤其是北方的山区及丘陵地区，地形复杂，天气多变，气候较冷，冰雹多，受害重，对农业危害很大。猛烈的冰雹打毁庄稼，损坏房屋，人被砸伤、牲畜被砸死的情况也常常发生；特大的冰雹甚至能比柚子还大，会致人死亡、毁坏大片农田和树木、摧毁建筑物和车辆等，具有强大的杀伤力。

冰 雹

冰雹和雨、雪一样都是从云里掉下来的。不过下冰雹的云是一种发展十分强盛的积雨云，而且只有发展特别旺盛的积雨云才可能降冰雹。

积雨云和各种云一样都是由地面附近空气上升凝结形成的。空气从地面上升，在上升过程中气压降低，体积膨胀。如果上升空气与周围没有热量交换，由于膨胀消耗能量，空气温度就要降低，这种温度变化称为绝热冷却。根据计算，在大气中空气每上升 100 米，因绝热变化会使温度降低 1℃左右。我们知道在一定温度下，空气中容纳水汽有一个限度，达到这个限度就称为“饱和”，温度降低后，空气中可能容纳的水汽量就要降低。因此，原来没有饱和的空气在上升运动中由于绝热冷却可能达到饱和，空气达到饱和之后过剩的水汽便附着在飘浮于空中的凝结核上，形成水滴。当温度低于 0℃时，过剩的水汽便会凝华成细小的冰晶。这些水滴和冰晶聚集在一起，飘浮于空中便成了云。

大气中有各种不同形式的空气运动，形成了不同形态的云。因对流运动而形成的云有淡积云、浓积云和积雨云等。人们把它们统称为积状云。它们都是一块块孤立向上发展的云块，因为在对流运动中有上升运动和下沉运动，往往在上升气流区形成了云块，而在下沉气流区就成了云的间隙，有时可见蓝天。

积状云因对流强弱不同而形成各种不同云状，它们的云体大小悬殊很大。如果云内对流运动很弱，上升气流达不到凝结高度，就不会形成云，只有干对流。如果对流较强，可以发展形成浓积云。浓积云的顶部像椰菜，由许多轮廓清晰的凸起云泡构成，云厚可以达 4～5 千米。如果对流运动很猛烈，就可以形成积雨云，云底黑沉沉，云顶发展很高，可达 10 千米左右，云顶边缘变得模糊起来，云顶还常扩展开来，形成砧状。

一般积雨云可能产生雷阵雨，而只有发展特别强盛的积雨云，云体十分高大，云中有强烈的上升气体，云内有充沛的水分，才会产生冰雹。这种云通常也称为冰雹云。

冰雹云是由水滴、冰晶和雪花组成的。一般为3层：①最下面一层温度在0℃以上，由水滴组成；②中间温度为0～－20℃，由过冷却水滴、冰晶和雪花组成；③最上面一层温度在－20℃以下，基本上由冰晶和雪花组成。

在冰雹云中气流是很强盛的。通常在云的前进方向，有一股十分强大的上升气流从云底进入，又从云的上部流出。还有一股下沉气流从云后方中层流入，从云底流出。这里也就是通常出现冰雹的降水区。这两股有组织上升与下沉气流与环境气流连通，所以，一般强雹云中气流结构比较持续。强烈的上升气流不仅给雹云输送了充分的水汽，并且支撑冰雹粒子停留在云中，使它长到相当大才降落下来。

霜

在寒冷季节的清晨，草叶上、土块上常常会覆盖着一层霜的结晶。它们在初升起的阳光照耀下闪闪发光，待太阳升高后就融化了。人们常常把这种现象叫“下霜”。翻翻日历，每年10月下旬，总有“霜降”这个节气。我们看到过降雪，也看到过降雨，可是谁也没有看到过降霜。其实，霜不是从天空降下来的，而是在近地面层的空气里形成的。

霜是一种白色的冰晶，多形成于夜间。少数情况下，在日落以前太阳斜照的时候也能开始形成。通常，日出后不久霜就融化了。但是在天气严寒的时候或者在背阴的地方，霜也能终日不消。

霜

霜本身对植物既没有害处，也没有益处。通常人们所说的“霜害”，实际上是在形成霜的同时产生的“冻害”。

霜的形成不仅和当时的天气

条件有关，而且与所附着的物体的属性也有关。当物体表面的温度很低，而物体表面附近的空气温度却比较高，那么在空气和物体表面之间有一个温度差，如果物体表面与空气之间的温度差主要是由物体表面辐射冷却造成的，则在较暖的空气和较冷的物体表面相接触时空气就会冷却，达到水汽过饱和的时候多余的水汽就会析出。如果温度在0℃以下，则多余的水汽就在物体表面上凝华为冰晶，这就是霜。因此，霜总是在有利于物体表面辐射冷却的天气条件下形成。

另外，云对地面物体夜间的辐射冷却是有妨碍的，天空有云不利于霜的形成，因此，霜大都出现在晴朗的夜晚，也就是地面辐射冷却强烈的时候。

此外，风对于霜的形成也有影响。有微风的时候，空气缓慢地流过冷物体表面，不断地供应着水汽，有利于霜的形成。但是，风大的时候，由于空气流动得很快，接触冷物体表面的时间太短，同时风大的时候，上下层的空气容易互相混合，不利于温度降低，从而也会妨碍霜的形成。大致说来，当风速达到3级或3级以上时，霜就不容易形成了。

因此，霜一般形成在寒冷季节里晴朗、微风或无风的夜晚。

霜的形成，不仅和上述天气条件有关，而且和地面物体的属性有关。霜是在辐射冷却的物体表面上形成的，所以物体表面越容易辐射散热并迅速冷却，在它上面就越容易形成霜。同类物体，在同样条件下，假如质量相同，其内部含有的热量也就相同。如果夜间它们同时辐射散热，那么，在同一时间内表面积较大的物体散热较多，冷却得较快，在它上面就更容易有霜形成。这就是说，一种物体，如果与其质量相比，表面积相对大的，那么在它上面就容易形成霜。草叶很轻，表面积却较大，所以草叶上就容易形成霜。另外，物体表面粗糙的，要比表面光滑的更有利于辐射散热，所以在表面粗糙的物体上更容易形成霜，如土块。

霜的消失有2种方式：①升华为水汽，②融化成水。最常见的是日出以后因温度升高而融化消失。霜所融化的水，对农作物有一定好处。

霜的出现，说明当地夜间天气晴朗并寒冷，大气稳定，地面辐射降温强烈。这种情况一般出现于有冷气团控制的时候，所以往往会维持几天好天气。我国民间有“霜重见晴天”的谚语，道理就在这里。

知识点

积雨云

当形成浓积云之后，若空气对流运动继续增强，云顶垂直向上发展更加旺盛，达到冻结高度以上，原来浓积云的花椰菜状的云顶开始冰晶化，它的明显而清晰的边缘轮廓开始在某些地方变得模糊，此时就进入积雨云阶段。

积雨云臃肿庞大，云底高度一般约在400～1000米，在潮湿地区出现的高度通常比在干燥地区低近一半；冬季寒冷地区约4500米，夏季温暖地区约18000米；积雨云云顶很高，可达对流层顶（800～12000米）。全球除了南极以外的地区。大多在温暖潮湿的地面上空、山区上空以及在热带海洋部分上空。

积雨云几乎总是形成降水，包括雷电、阵性降水、阵性大风及冰雹等天气现象，有时也伴有龙卷风，在特殊地区，甚至产生强烈的外旋气流，下击暴流。这是一种可以使飞机遭遇坠毁灾难的气流。

地面风的风向与风力的测定

风向的测定

由于地面摩擦力的影响，在地面附近风随高度有显著的变化，因此，我国气象部门统一规定，地面风向风速仪的安装高度为离地面10米高处。这就使得在全国各地气象台站观测的风向风速有可比性。

风向指风的来向，可以通过说在观测场中铁杆顶部的风向标来观测。风向标通常由水平杆、水平支撑轴和尾翼3部分组成。整个风向标可以绕垂直轴随风向自由摆动，其尾翼总是朝着风的去向，风向标总是指着风的来向。观测人员可站在风向标下观测风向，也可以通过电缆将风向在记录器上显示出来。

风向的测量单位，我们用方位来表示。如陆地上，一般用16个方位表示，海上多用36个方位表示；在高空则用角度表示。用角度表示风向，是把

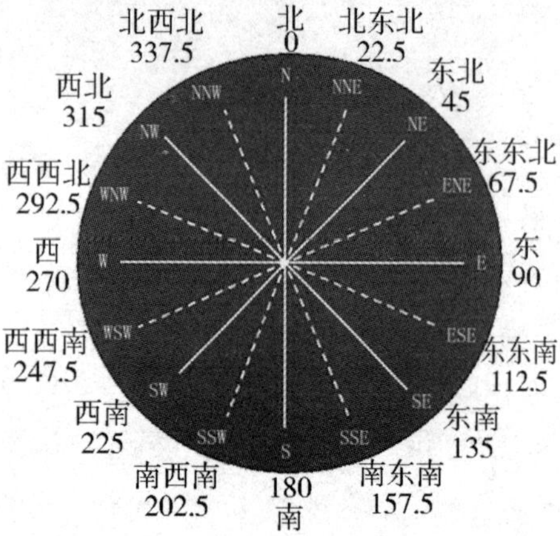

风向的 16 方位

圆周分成 360 度，北风（N）是 0 度（即 360 度），东风（E）是 90 度，南风（S）是 180 度，西风（W）是 270 度，其余的风向都可以由此计算出来。如图所示。

为了表示某个方向的风出现的频率，通常用风向频率这个量，它是指 1 年（月）内某方向风出现的次数和各方向风出现的总次数的百分比，即

风向频率 = 某风向出现次数/风向的总观测次数 ×100%

由计算出来的风向频率，可以知道某一地区哪种风向比较多，哪种风向最少。根据观测发现，我国华北、长江流域、华南及沿海地区的冬季多刮偏北风（北风、东北风、西北风），夏季多刮偏南风（南风、东南风、西南风）。

测定风向的仪器之一为风向标，它一般离地面 10～12 米高，如果附近有障碍物，其安置高度至少要高出障碍物 6 米以上，并且指北的短棒要正对北方。风向箭头指在哪个方向，就表示当时刮什么方向的风。测风器上还有一块长方形的风压板（重型的重 800 克，轻型的重 200 克），风压板旁边装一个弧形框子，框上有长短齿。风压板扬起所过长短齿的数目，表示风力大小。

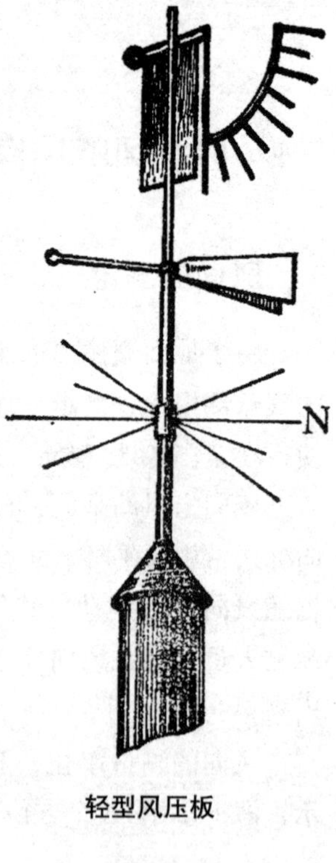

轻型风压板

风力等级的测定

在气象台站发布的天气预报中，我们常会听到这样的说法：风向北转南，风力 2 到 3 级。这里的“级”是表示风速大小的。

风速就是风的前进速度。相邻两地间的气压差愈大，空气流动越快，风速越大，风的力量自然也就大。所以通常都是以风力来表示风的大小。风速

的单位用多少米/秒或多少千米/时来表示。而发布天气预报时，大都用得是风力等级。

风力的级数是怎样定出来的呢？

1000 多年以前的我国唐代，人们除了记载晴阴雨雪等天气现象之外，也有了对风力大小的测定。唐朝初期还没有发明测定风速的精确仪器，但那时已能根据风对物体征状，计算出风的移动速度并订出风力等级。李淳风的《现象玩占》里就有这样的记载："动叶十里，鸣条百里，摇枝二百里，落叶三百里，折小枝四百里，折大枝五百里，走石千里，拔大根三千里。"这就是根据风对树产生的作用来估计风的速度，"动叶十里"就是说树叶微微飘动，风的速度就是日行十里；"鸣条"就是树叶沙沙作响，这时的风速是日行百里。另外，还根据树的征状定出来的一些风级，如《乙巳占》中所说，"一级动叶，二级鸣条，三级摇枝，四级坠叶，五级折小枝，六级折大枝，七级折木，飞沙石，八级拔大树及根"。这 8 级风，再加上"无风"、"和风"（风来时清凉，温和，尘埃不起，叫和风）2 个级，可合 10 级。这些风的等级与国外传入的等级相比较，相差不大。这可以说是世界上最早的风力等级。

200 多年以前，风力大小仍没有测量的仪器，也没有统一规定，各国都按自己的方法来表示。当时英国有一个叫蒲福的人，他仔细观察了陆地和海洋上各种物体在大小不同的风里的情况，积累了 50 年的经验，才在 1805 年把风划成了 13 个等级。后来，又经过研究补充，才把原来的说明解释得更清楚了，并且增添了每级风的速度，便成了现在预报风力的"行话"。有些地方还把风力等级的内容编成了歌谣，以便记忆：

零级无风炊烟上；一级软风烟稍斜；
二级轻风树叶响；三级微风树枝晃；
四级和风灰尘起；五级清风水起波；
六级强风大树摇；七级疾风步难行；
八级大风树枝折；九级烈风烟囱毁；
十级狂风树根拔；
十一级暴风陆罕见；
十二级飓风浪滔天。

风速是风在每秒钟内所移动的距离，其口诀是"从一直到九，乘 2 各级有"。意思是：从一级到九级风，各级分别乘 2，就大致可得出该风的最大速度。

譬如一级风的最大速度是2米/秒，2级风是4米/秒，3级风是6米/秒……依此类推。各级风之间还有过渡数字，比如一级风是1～2米/秒，2级风是2～4米/秒，3级风是4～6米/秒，诸此类推。

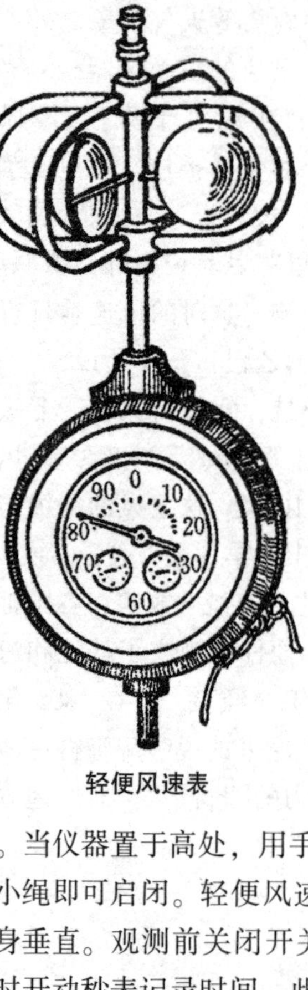

轻便风速表

其实，在自然界，风力有时是会超过12级的。像强台风中心的风力，或龙卷风的风力，都可能比12级大得多，只是12级以上的大风比较少见，一般就不具体规定级数了。

为了更准确地测量风力大小，人们在野外常用轻便风速表测风。

这种轻便风速表，一般由感应部分和计数器所组成。感应部分由3个风杯（也有4个风杯）装于十字架上，风杯在轴承上可以自由转动，外用小框保护风杯。中轴下部与计数器相接，风杯转动，也使计数器随之转动。所以计数器是记录风杯转动的转数的。计数器通常有2个或3个记数盘，大指针指示个位和十位数，两个小记数盘上的指针分别指示百位数和个位数。仪器的下部有一开关（启动杆），将它推上去，可使计数器与感应部分接合，计数器开始工作。把启动杆拉下来计数器则与感应部分离开，计数器停止工作。当仪器置于高处，用手直接开动不便时，可用小绳连接开关。观测时拉动小绳即可启闭。轻便风速表一般安置在四周开阔、无高大障碍物的地方，表身垂直。观测前关闭开关，记下指针的示数。等一两分钟后，打开开关，同时开动秒表记录时间。此时，观测员迅速离开风速表，站在仪器的下风方向。开动仪器后将近100秒钟时，观测员迅速走近仪器，在正100秒时关闭开关，记下第二次指针示数。根据前后两次读数算出其差数，此差数表示风速表指针在观测时间内所走的刻度数，记入记录表内。将此差数除以观测时间，就得出风速表每秒钟内所走的刻度数，取一位小数。再根据每秒所走的刻度数，从该风速表的检定证上查出平均风速（单位：米/秒），取一位小数。

最好连续观测2次，取其平均值，以消除仪器本身及人为的误差。

有些轻便的测风器，除具有上面讲的风速表的构造性能外，还在轴上装有风向标，用以指示风向，称为风速风向仪。

不同类型的雨

对流雨

大气对流运动引起的降水现象，习惯上称为对流雨，也叫热雷雨。近地面层空气受热或高层空气强烈降温，促使低层空气上升，水汽冷却凝结，就会形成对流雨。对流雨来临前常有大风，大风可拔起直径50厘米的大树，并伴有闪电和雷声，有时还下冰雹。

对流雨主要产生在积雨云中。积雨云内冰晶和水滴共存，云的垂直厚度和水汽含量特别大，气流升降都十分强烈，可达20～30米/秒，云中带有电荷，所以积雨云常发展成强对流天气，产生大暴雨。雷击事件、大风拔木、暴雨成灾常发生在这种雷暴雨中。

对流雨形成过程示意图

淡积云云层薄，含水量少，一般有雨落到地面。浓积云在中高纬度地区很少降水，但是在低纬度地区，因为含水量丰富，对流强烈，有时可以产生降水。

对流雨以低纬度最多，降水时间一般在午后，特别是在赤道地区，降水时间非常准确。早晨天空晴朗，随着太阳升起，天空积云逐渐形成并很快发展，越积越厚。到了午后，积雨云汹涌澎湃，天气闷热难熬，大风掠过，雷电交加，暴雨倾盆而下，降水延续到黄昏时停止。雨后天晴，天气稍觉凉爽，但是第二天，又重复有雷阵雨出现。在中高纬度，对流雨主要出现在夏季半年，冬半年极为少见。

赤道地带全年以对流雨为主。我国对流雨最多地区是海南岛和南岭山区，就季节而言，以夏季最多，春季和秋季次之。就日变化而言，陆上（指平原地区）多出现在下午到傍晚，海上和盆地区域多出现在夜间。海洋上的对流雨比大陆上少。

锋面雨

锋面活动时，暖湿气流在上升过程中，由于气温不断降低，水汽就会冷却凝结，成云致雨，这种雨称锋面雨。锋面常与气旋相伴而生，所以又把锋面雨称为气旋雨。锋面有系统性的云系，但是并不是每一种云都能产生降水的。

锋面雨示意图

两种性质不同的气流相遇，它们中间的交界面叫锋面。在锋面上，暖、湿、较轻的空气被抬升到冷、干、较重的空气上面去。在抬升的过程中，空气中的水汽冷却凝结，形成的降水叫锋面雨。

锋面雨主要产生在雨层云中，在锋面云系中雨层云最厚，又是一种冷暖空气交接而成的混合云，其上部为冰晶，下部为水滴，中部常常冰水共存，能很快引起冲并作用，因为云的厚度大，云滴在冲并过程中经过的路程长，有利于云滴增大，雨层云的底部离地面近，雨滴在下降过程中不易被蒸发，很有利于形成降水。雨层越厚，云底距离地面越近，降水就越强。

高层云也可以产生降水，但卷层云一般是不降水的。因为卷层云云体较薄，云底距离地面远，含水量又少，即使有雨滴下落，也不易达到地面。

锋面降水的特点是：水平范围大，常常形成沿锋面产生大范围的呈带状分布的降水区域，称为降水带。随着锋面平均位置的季节移动，降水带的位置也移动。例如，我国从冬季到夏季，降水带的位置逐渐向北移动，5 月份在华南，6 月上旬到南岭—武夷山一线，6 月下旬到长江一线，7 月到淮河，8 月到华北，从夏季到冬季，则向南移动，在 8 月下旬从东北华北开始向南撤，9 月即可到华南沿海，所以南撤比北进快得多。

锋面降水的另一个特点是持续时间长，因为层状云上升速度小，含水量和降水强度都比较小，有些纯粹的水云很少发生降水，有降水发生也是毛毛雨。但是，锋面降水持续时间长，短则几天，长则 10 天半个月以上，有时长达 1 个月以上，“清明时节雨纷纷”，就是对我国江南春季的锋面降水现象的准确而恰当的描述。

我国东部地区的降水主要是由夏季风带来的。当夏季风的暖气流登陆北上，与北方南下的冷空气相遇时，因暖空气轻，冷空气重，较轻的暖湿气就会被抬升到冷空气之上，形成了锋面雨。每年夏初，长江中游地区的地区的冬夏季风势均力敌，这条雨带在此徘徊，阴雨连绵长达 1 个月之久，此时正值梅子黄熟的时节，所以人们又称之为梅雨季节。等到 7—8 月份，梅雨季节刚过，随着冬季风的北退，雨带移出长江中下游地区，出现晴朗干旱的这种天气，在伏天发生的干旱又被称为伏旱。

地形雨

当潮湿的气团前进时，遇到高山阻挡，气流被迫缓慢上升，引起绝热降温，发生凝结，这样形成的降雨，称为地形雨。地形雨多降在迎风面的山坡（迎风坡）上，背风坡面则因空气下沉引起绝热增温，反使云量消减，降雨减少。

地形雨常随着地形高度增高而增加。地形雨如不与对流雨或气旋雨结合，雨势一般不会很强。

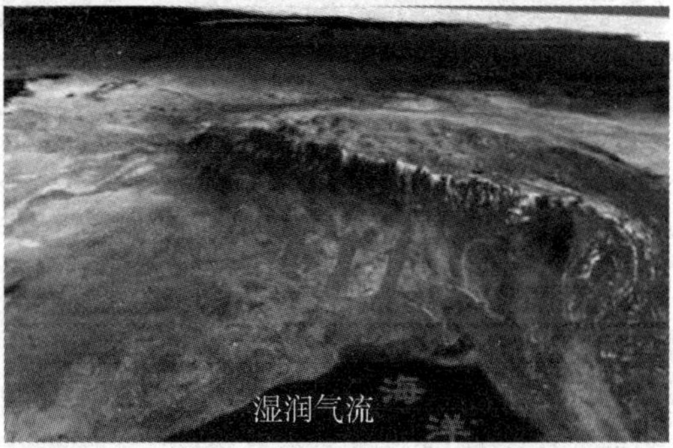

地形雨

在世界上，最多雨的地方，常常发生在山地的迎风坡，称为雨坡；背风坡降水量很少，成为干坡或称为“雨影”地区。如挪威斯堪的那维亚山地西坡迎风，降水量达 1000～2000 毫米，背风坡只有 300 毫米。又如，我国台湾山脉的北、东、南都迎风，降水都比较多，年降雨量 2000 毫米以上，台北火烧寮达 8408 毫米，成为我国降水量最多的地方。一到西侧就成为雨影地区，降水量减少到 1000 毫米左右。夏威夷群岛的考爱岛迎风坡年降水量 12040 毫米。印度的乞拉朋齐年降水量

11418 毫米，成为世界年降雨量最多的地方。也是位于喜马拉雅山迎风坡的缘故，而处于背风坡的青藏高原，年降水量却为 200～400 毫米。

亚马逊盆地、刚果盆地、澳大利亚大分水岭东侧等地的降水，地形雨也占有一定的因素。

台风雨

台风雨是热带海洋上的台风风暴带来的降雨。这种风暴是由异常强大的海洋湿热气团组成的，台风经过之处暴雨狂泻，一次可达数百毫米，有时可达 1000 毫米以上，极易造成灾害，称为台风雨。台风不但带来大风，而且相伴发生降水。台风云系有一定规律，台风中的降水分布在海洋上也很有规律，但是在台风登陆后，由于地形摩擦作用，就不那么有规律了。例如风中有上升气流的整个涡旋区，都有降水存在，但是以上升运动最强的云墙区降水量最大，螺旋云带中降水量已经减少；有时也形成暴雨；台风眼区气流下沉，一般没有降水。

台风雨

台风区内水汽充足，上升运动强烈，降水量常常很大。台风到来，日降水量平均在 800 毫米以上，强度很大，多属阵性。台风登陆常常产生暴雨，少则 200～300 毫米，多则在 1000 毫米以上。我国台湾新寮在 1967 年 11 月 17 日，由于 6721 号台风影响，一天降水量达 1672 毫米，两天总降水量达 2259 毫米。台风登陆后，若维持时间较长，或由于地形作用，或与冷空气结合，都能产生大暴雨。我国东南沿海，是台风登陆的主要地区，台风雨所占比重相当大。

雷　雨

夏季，太阳光直射使地面上的水蒸发得比冬、春、秋都快。贴近地面的空气因温度较高，能够接纳更多的水汽，导致空气的密度减小，空气变轻，变轻了的空气不停地上升。随着海拔高度的增加，温度会逐渐下降（每上升100米，气温降低0.6℃），空气也就渐渐凉下来。空气凉了，就无法容纳原先丰沛的水汽，一部分水汽就会凝结成小水滴，天空就会起云。那么，这些小水滴怎么不迅速落下来成为雨呢？这是因为小水滴太小，上升的热气流托住了它们，并把悬浮着的小水滴不停地往更高处推，云就越堆越大越高，这样的云，气象上叫积雨云，其云底离地面约1000米。

当积雨云内的小水滴不断碰撞合并成较大的小水滴时开始往下落，而从地面上升的热空气却一个劲往上冲，两者之间摩擦后就带上了电荷。上升的气流带正电荷，下落的水滴带负电荷。随着时间的推移，积雨云的顶部积累了大量的正电荷，底部则积聚许多负电荷。地面因受积雨云底部负电荷的感应，也带上了正电荷。

雷雨中的城市

云中水滴合并增大，直到上升热气流托不住了，就从云中直掉下来。下层的热气流给雨一淋，骤然变冷，不再上冲，转而向地面扑下来。此时，空中的电荷开始放电，并伴随着轰隆隆的雷声。因电闪以光速30万千米/秒的速度传播，雷是以331米/秒的声速传播，故人们先看到电光尔后才听到雷响。有时候雷声的时间拖得很长，那是云层、山峰及地面把雷声来回反射所致。

在中国，雷雨大多发生在5—8月份温高湿重的天气中。

梅　雨

梅雨是初夏季节长江中下游特有的天气气候现象，它是我国东部地区主要雨带北移过程中在长江流域停滞的结果，梅雨结束，盛夏随之到来。这种季节的转变以及雨带随季节的移动，年年大致如此，已形成一定的气候规律性。但是，每年的梅雨并不完全一致，存在很大的年际变化。

每年6月中旬至7月上旬，正是江南梅子成熟的季节，这时天上也常常

江南梅雨

阴云蔽日，雨水连绵。因此，人们把梅和雨联系到一起，称这个时期的雨为梅雨。由于空气潮湿，不见阳光，所以人们的家具、书籍、衣服和食物常会发霉，有的人也称这个时期的雨为霉雨。

梅雨是两种性质不同的气团交锋的结果。每到初夏时节，随着太阳直射点的北移，热带海洋上的暖气团便向北向西发展，向盘踞着我国大陆的冷气团进攻，它们对垒的阵地就是一条又宽又长的准静止锋。这条准静止锋又叫梅雨锋，锋面经常西起湖北宜昌附近，东达日本九州岛一带，锋面上笼罩着长长的云带。在太阳的支持下，暖气团越战越勇，频频进攻，冷气团也不甘示弱，顽强抗击，雨就这样下个不停，有时还会下大雨或暴雨，淹没田地，发洪水。经过一场激烈的交锋，冷气团全线撤退，于是梅雨便结束了，暖空气占据了长江中下游地区，给那里带去了盛夏酷暑。这时北方的雨季就开始了。

在不同的年份里，进入梅雨期和结束梅雨期的日期是不相同的，有时可差40多天。梅雨期的长短也是不同的，有时可达2个月之久，有时只有10多天；还有的年份基本没有梅雨，这种气候反常现象被称为“空梅”。

降水量的测定

降水量是衡量一个地区在某段时间内降水多少的数据。

降水量就是指从天空降落到地面上的液态和固态（经融化后）降水，没有经过蒸发、渗透和流失而在单位面积（每平方米面积）水平面上积聚的深度。它的单位是毫米。

降水根据其不同的物理特征可分为液态降水和固态降水。液态降水有毛毛雨、雨、雷阵雨、冻雨、阵雨等，固态降水有雪、雹、霰等。还有液态固态混合型降水，如雨夹雪等。

在气象上用降水量来区分降水的强度。可分为小雨、中雨、大雨、暴雨、大暴雨、特大暴雨，小雪、中雪、大雪和暴雪等。

（1）小雨：雨点清晰可见，没漂浮现象；下地不四溅；洼地积水很慢；屋上雨声微弱，屋檐只有滴水；12 小时内降水量小于 5 毫米或 24 小时内降水量小于 10 毫米的降雨过程。

（2）中雨：雨落如线，雨滴不易分辨；落硬地四溅；洼地积水较快；屋顶有沙沙雨声；12 小时内降水量 5～15 毫米或 24 小时内降水量 10～25 毫米的降雨过程。

（3）大雨：雨降如倾盆，模糊成片；洼地积水极快；屋顶有哗哗雨声；12 小时内降水量 15～30 毫米或 24 小时内降水量 25～50 毫米的降雨过程。

（4）暴雨：凡 24 小时内降水量超过 50 毫米的降雨过程统称为暴雨。根据暴雨的强度可分为暴雨、大暴雨、特大暴雨 3 种。①暴雨——12 小时内降水量 30～70 毫米或 24 小时内降水量 50～100 毫米的降雨过程。②大暴雨——12 小时内降水量 70～140 毫米或 24 小时内降水量 100～250 毫米的降雨过程。③特大暴雨——12 小时内降水量大于 140 毫米或 24 小时内降水量大于 250 毫米的降雨过程。

小型雨量器

（5）小雪：12 小时内降雪量小于 1.0 毫米（折合为融化后的雨水量，下同）或 24 小时内降雪量小于 2.5 毫米的降雪过程。

（6）中雪：12 小时内降雪量 1.0～3.0 毫米或 24 小时内降雪量 2.5～5.0 毫米或积雪深度达 3 厘米的降雪过程。

（7）大雪：12 小时内降雪量 3.0～6.0 毫米或 24 小时内降雪量 5.0～10.0 毫米或积雪深度达 5 厘米的降雪过程。

（8）暴雪：12 小时内降雪量大于 6.0 毫米或 24 小时内降雪量大于 10.0 毫米或积雪深度达 8 厘米的降雪过程。

测定降水量的仪器，有雨量器和雨量计 2 种。

雨量器是用于测量一段时间内累积降水量的仪器。外壳是金属圆筒分上下两节，上节是一个口径为 20 厘米的盛水漏斗，为防止雨水溅失，保持器口面积和形状，筒口用坚硬铜质做成内直外斜的刀刃状；下节筒内放一个储水瓶用来收集雨水。测量时，将雨水倒入特制的雨量杯内读取降水量毫米数。降雪季节将储水瓶取出，换上不带漏斗的筒口，雪花可直接收集在雨量筒内，待雪融化后再读数，也可将雪称出重量然后根据筒口面积换算成毫米数。

虹吸雨量计

虹吸雨量计是可连续记录降水量和降水时间的仪器。其上部盛水漏斗的形状和大小与雨量器相同。当雨水经过漏斗导入量筒后，量筒内的浮子将随水位升高而上浮，带动自记笔在自记纸上画出水位上升的曲线。当量筒内的水位达到 10 毫米时，借助虹吸管，使水迅速排出，笔尖回落到零位重新记录。自记钟给出降水量随时间的累积过程。

翻斗式雨量计是可连续记录降水量随时间变化和测量累积降水量的有线遥测仪器。分感应器和记录器两部分，其间用电缆连接。感应器用翻斗测量，它是用中间隔板间开的两个完全对称的三角形容器，中隔板可绕水平轴转动，从而使两侧容器轮流接水，当一侧容器装满一定量雨水时（0.1 或 0.2 毫米），由于重心外移而翻转，将水倒出，随着降雨持续，将使翻斗左右翻转，接触开关将翻斗翻转次数变成电信号，送到记录器，在累积计数器和自记钟上读出降水资料。

翻斗式雨量计

知识点

霰

对于雪与雹，我们都不陌生，那么什么是霰呢？霰是白色不透明的圆锥形或球形的颗粒固态降水，下降时常显阵性，着硬地常反弹。它在高空中的水蒸气遇到冷空气凝结成小冰粒，多在下雪前或下雪时出现。夏天，在高山地区，天空里经常有许多过冷水滴围绕着结晶核冻结，形成了一种白色的没有光泽的圆团形颗粒，气象学上把这种东西叫做霰，在不同的地区有米雪、雪霰、雪子、雪糁、雪豆子等名称。霰的直径一般在0.3到2.5毫米之间，性质松脆，很容易压碎。霰不属于雪的范畴，但它也是一种大气固态降水。常发生在摄氏0度，也可能存在摄氏-40度附近的温度，而且属于未结冻的状态，在航空例行天气报告中的代号为GS。

雷云与雷电的产生

产生雷电的条件是雷雨云中有电荷积累并形成极性。科学家们对雷雨云的带电机制及电荷有规律分布，进行了大量的观测和试验，积累了许多资料，并提出各种各样的解释，有些论点至今还有争论。

雷 云

对流云初始阶段的“离子流”假说

大气中存在这大量的正离子和负离子，在云中的雨滴上，电荷分布是不均匀的，最外边的分子带负电，里层的带正电，内层比外层的电势差约高0.25伏。为了平衡这个电势差，水滴就必须优先吸收大气中的负离子，这就使水滴逐渐带上了负电荷。当对流发展开始时，较轻的正离子逐渐地被上升的气流带到云的上部；而带负电的云滴因为比较重，就留在了下部，造成了正负电荷的分离。

冷云的电荷积累

当对流发展到一定阶段，云体伸入0℃层以上的高度后，云中就有了过冷水滴、霰粒和冰晶等。这种由不同相态的水汽凝结物组成且温度低于0℃的云，叫冷云。冷云的电荷形成和积累过程有如下几种：

冷云的电荷积累

（1）过冷水滴在霰粒上撞冻起电。在云层中有许多水滴在温度低于0℃时也不会冻结，这种水滴叫过冷水滴。过冷水滴是不稳定的，只要它们被轻轻地震动一下，就马上冻结成冰粒。当过冷水滴与霰粒碰撞时，会立即冻结，这叫撞冻。当发生撞冻时，过冷水滴外部立即冻成冰壳，但它的内部仍暂时保持着液态，并且由于外部冻结放的潜热传到内部，其内部液态过冷水的温度比外面的冰壳高。温度的差异使得冻结的过冷水滴外部带上正电，内部带上负电。当内部也发生冻结时，云滴就膨胀分裂，外表皮破裂成许多带正电的冰屑，随气流飞到云层上部，带负电的冻滴核心部分则附在较重的霰粒上，使霰粒带负电并留在云层的中下部。

（2）冰晶与霰粒的摩擦碰撞起电。霰粒是由冻结水滴组成的，成白色或乳白色，结构比较松脆。由于经常有冷水滴与它撞冻并释放潜热，它的温度一般比冰晶高。在冰晶中含有一定量的自由离子（OH^-和H^+），离子数随温度升高而增多。由于霰粒与冰晶接触部分存在着温度差，高温端的自由离子必然要多于低温端，因而离子必然从高温端向低温端迁移。离子迁移时，带正电的氢离子速度较快，而带负电的较重的氢氧根离子则较慢。因此，在一定时间内就出现了冷端氢离子过剩的现象，造成了高温端为负，低温端为正的电极化。当冰晶与霰粒接触后，又分离时，温度较高的霰粒就带上了负电，而温度较低的冰晶就带上了正电。在重力和上升气流的作用下，较轻的带正电的冰晶集中到云的上部，较重的带负电的霰粒则停留在云层的下部，因而造成了冷云的上部带正电而下部带负电。

（3）水滴因含有稀薄盐分而起电。出了上述冷云的两种起电机制外，还有人提出了由于大气中水滴含有稀薄盐分而产生起电机制。当云滴冻结时，冰的晶格中可以容纳负的氯离子，却排斥正的钠离子。因此，水滴冻结的部分带负电，而未冻结的部分带正电（水滴冻结时是从里向外进行的）。由于水滴冻结而成的霰粒在下落的过程中，摔掉表面还未来得及冻结的水分，形成许多带正电的小云滴，而冻结的核心部分则带负电。由于重力和气流的分选作用，电正点的小滴被带到云的上部，而带负电的霰粒则停留在云的中、下部。

暖云的电荷积累

在热带地区，有一些云整个云体都位于0℃以上区域，因而只含有水滴而没有固态水粒子，这种云叫暖云或水云。暖云也会出现雷电现象。在中纬度地区的雷暴云，云体位于0℃等温线以下的部分，就是云的暖区。在云的暖区里也有起电过程发生。

在雷雨云的发展过程中，上述机制在不同的发展阶段分别起作用。但是，最主要的带电机制还是由于水滴冻结造成的。大量观测事实表明，只有当云顶呈现纤维状、丝缕结构时，云彩发展成为雷雨云。飞机观测发现，雷雨云中存在以冰、雪晶和霰粒为主的大量云粒子，而且大量电荷的积累即雷雨云迅猛带电机制，必须依靠霰粒生长过程的碰撞、撞冻和摩擦等才能发生。

雷电的形成

雷电是一种自然放电现象。夏季，高空中有好多云团在不断运动，云团交错运动，相互摩擦，从而产生大量的电荷，形成电场。由于同种电荷相排斥，所以正电荷与负电荷分别聚集到云的两端。积云所带的电达到一定程度时，就会穿过空气放电，使两种电荷发生中和并产生火花。这便是雷电现象。因为空气的电阻不均匀，电前进的形状大多曲曲折折，形成像树枝一样的光带，这就是闪电。而放电使空气振动发出声音，就是雷声。

雷电一般产生于对流发展旺盛的积雨云中，因此常伴有强烈的阵风和暴

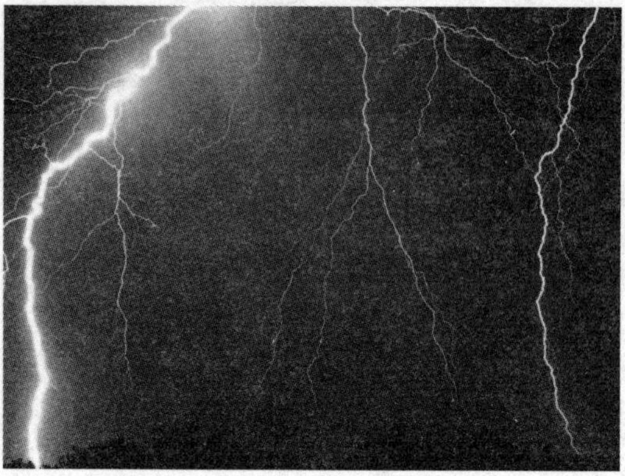

闪 电

雨，有时还伴有冰雹和龙卷风。积雨云顶部一般较高，可达 20 千米，云的上部常有冰晶。冰晶的淞附、水滴的破碎以及空气对流等过程，使云中产生电荷。云中电荷的分布较复杂，但总体而言，云的上部以正电荷为主，下部以负电荷为主。因此，云的上、下部之间形成一个电位差。当电位差达到一定程度后，就会产生放电，这就是我们常见的闪电现象。

雷电大都发生在低纬度地区，如印度尼西亚、非洲中部、墨西哥南部、巴拿马、巴西中部。世界上雷电最多的地方是印度尼西亚茂物市，一年中有 322 天电光闪闪，素有“世界雷都”之称。

伴随闪电而来的，是隆隆的雷声。听起来，雷声可以分为 2 种：①清脆响亮，像爆炸声一样的雷声，一般叫做“炸雷”；②沉闷的轰隆声，有人叫它做“闷雷”。其中一种低沉而经久不歇的隆隆声，有点儿像推磨时发出的声响。人们常把它叫做“拉磨雷”，实际上是闷雷的一种形式。

闪电的形成与类型

闪电是云与云之间、云与地之间或者云体内各部位之间的强烈放电现象，一般发生在积雨云中。

积雨云通常产生电荷，底层为阴电，顶层为阳电，而且还在地面产生阳电荷，如影随形地跟着云移动。正电荷和负电荷彼此相吸，但空气却不是良好的传导体。正电荷奔向树木、山丘、高大建筑物的顶端甚至人体之上，企图和带有负电的云层相遇；负电荷枝状的触角则向下伸展，越向下伸越接近地面。最后正负电荷终于克服空气的阻障而连接上。巨大的电流沿着一条传导气道从地面直向云涌去，产生出一道明亮夺目的闪光。一道闪电的长度可能只有数百米（最短的为 100 米），但最长可达数千米。闪电的温度为17000～28000℃，也就是等于太阳表面温度的 3～5 倍。闪电的极度高热使沿途空气剧烈膨胀。空气移动迅速，因此形成波浪并发出声音。闪电距离近，听到的就是尖锐的爆裂声；如果距离远，听到的则是隆隆声。你在看见闪电之后可以开动秒表，听到雷声后即把它按停，然后用所得的秒数除以 3，即可大致知道闪电离你有几千米。

闪电的形成

如果我们在两根电极之间加很高的电压，并把它们慢慢地靠近。当两根电极靠近到一定的距离时，在它们之间就会出现电火花，这就是所谓“弧光放电”现象。

“弧光放电”现象

雷雨云所产生的闪电，与上面所说的弧光放电非常相似，只不过闪电是转瞬即逝，而电极之间的火花却可以长时间存在。因为在两根电极之间的高电压可以人为地维持很久，而雷雨云中的电荷经放电后很难马上补充。当聚集的电荷达到一定的数量时，在云内不同部位之间或者云与地面之间就形成了很强的电场。电场强度平均可以达到几千伏特/厘米，局部区域可以高达 1 万伏特/厘米。这么强的电场，足以把云内外的大气层击穿，于是在云与地面之间或者在云的不同部位之间以及不同云块之间激发出耀眼的闪光。这就是人们常说的闪电。

肉眼看到的一次闪电，其过程是很复杂的。当雷雨云移到某处时，云的中下部是强大负电荷中心，云底相对的下垫面变成正电荷中心，在云底与地面间形成强大电场。在电荷越积越多，电场越来越强的情况下，云底首先出现大气被强烈电离的一段气柱，称梯级先导。这种电离气柱逐级向地面延伸，每级梯级先导是直径约 5 米、长 50 米、电流约 100 安培的暗淡光柱，它以平均约 150000 米/秒的高速度一级一级地伸向地面，在离地面5～50 米左右时，地面便突然向上回击。回击的通道是从地面到云底，沿着上述梯级先导开辟出的电离通道。

回击以5万千米/秒的更高速度从地面驰向云底，发出光亮无比的光柱，历时40微秒，通过电流超过1万安培，此即第一次闪击。

相隔几秒之后，从云中一根暗淡光柱，携带巨大电流，沿第一次闪击的路径飞驰向地面，称直窜先导，当它离地面5~50米左右时，地面再向上回击，再形成光亮无比光柱，此即第二次闪击。

接着又类似第二次那样产生第三、四次闪击。

通常由3~4次闪击构成一次闪电过程。一次闪电过程历时约0.25秒，在如此短的时间内，窄狭的闪电通道上要释放巨大的电能，因而形成强烈的爆炸，产生冲击波，然后形成声波向四周传开，这就是雷声或说“打雷”。

闪电的类型

闪电的形状有好几种：最常见的有线状（或枝状）闪电和片状闪电，球状闪电是一种十分罕见的闪电形状。如果仔细区分，还可以划分出带状闪电、联珠状闪电和火箭状闪电等形状。线状闪电或枝状闪电是人们经常看见的一种闪电形状。它有耀眼的光芒和很细的光线。整个闪电好像横向或向下悬挂的枝杈纵横的树枝，又像地图上支流很多的河流。

线状闪电

（1）线状闪电与其他放电不同的地方是它有特别大的电流强度，平均可以达到几万安培，在少数情况下可达20万安培。这么大的电流强度，可以毁坏和摇动大树，有时还能伤人。当它接触到建筑物的时候，常常造成“雷击”而引起火灾。线状闪电多数是云对地的放电。

（2）片状闪电也是一种比较常见的闪电形状。它看起来好像是在云面上有一片闪光。这种闪电可能是云后面看不见的火花放电的回光，或者是云内闪电被云滴遮挡而造成的漫射光，也可能是出现在云上部的一种丛集的或闪烁状的独立放电现象。片状闪电经常是在云的强度已经减弱，降水趋于停止时出现的。它是一种较弱的放电现象，多数是云中放电。

片状闪电

（3）带状闪电。它由连续数次的放电组成，在各次闪电之间，闪电路径因受风的影响而发生移动，使得各次单独闪电互相靠近，形成一条带状。带的宽度约为10米。这种闪电如果击中房屋，可以立即引起大面积燃烧。

（4）球状闪电虽说是一种十分罕见的闪电形状，却最引人注目。它像一团火球，有时还像一朵发光的盛开着的“绣球”菊花。它约有人头那么大，偶尔也有直径几米甚至几十米的。球状闪电有时候在空中慢慢地转悠，有时候又完全不动地悬在空中。它有时候发出白光，有时候又发出像流星一样的粉红色光。球状闪电“喜欢”钻洞，有时候，它可以从烟囱、窗户、门缝钻进屋内，在房子里转一圈后又溜走。球状闪电有时发出“咝咝”的声音，然后一声闷响而消失；有时又只发出微弱的噼啪声而不知不觉地消失。球状闪电消失以后，在空气中可能留下一些有臭味的气烟，有点像臭氧的味道。球状闪电的生命史不长，大约为几秒钟到几分钟。

联珠状闪电

（5）联珠状闪电看起来好像一条在云幕上滑行或者穿出云层而投向地面的发光点的连线，也像闪光的珍珠项链。有人认为联珠状闪电似乎是从线状闪电到球状闪电的过渡形式。联珠状闪电往往紧跟在线状闪电之后接踵而至，几乎没有时间间隔。

（6）火箭状闪电比其他各种闪电放电慢得多，它需要 1～1.5 秒钟时间才能放电完毕。可以用肉眼很容易地跟踪观测它的活动。

人们凭自己的眼睛就可以观测到闪电的各种形状。不过，要仔细观测闪电，最好采用照相的方法。高速摄影机既可以记录下闪电的形状，还可以观测到闪电的发展过程。使用某些特种照相机（如移动式照相机），还可以研究闪电的结构。

超级闪电指的是那些威力比普通闪电大 100 多倍的稀有闪电。普通闪电产生的电力约为 10 亿瓦特，而超级闪电产生的电力则至少有 1000 亿瓦特，甚至可能达到万亿至 10 万亿瓦特。

纽芬兰的钟岛在 1978 年显然曾受到一次超级闪电的袭击，连 13 千米以外的房屋也被震得格格响，整个乡村的门窗都喷出蓝色火焰。

海底也有闪电，这是前苏联科学家在日本海底发现的。灵敏的电场仪表明，海底放电的频率与大气中闪电的频率相同，这使科学家大惑不解。因为按水文物理学规律，深层海水的导电性良好，理应与雷公电母无缘。

科学家经过反复试验，最后认为：电荷源实际上来自陆地上近海岸的空中，再经过岩石传导，一直深入到海底。但随着传导距离的增加，电量逐渐减少。因此海底测得的放电量一般是较弱的。

最后，有一件事可以聊以自慰：等到你看见闪电时，它已经打不中你了。

黑色闪电

黑色闪电的形成令科学家无法解释。长期以来，人们的心目中只有蓝白色闪电，这是空中的大气放电的自然现象，一般均伴有耀眼的光芒！而从未看见过不发光的“黑色闪电”。可是，科学家通过长期的观察研究确实证明有“黑色闪电”存在。

1974 年 6 月 23 日，前苏联天文学家契尔诺夫就曾经在扎巴洛日城看见一次“黑色闪电”：一开始是强烈的球状闪电，紧接着，后面就飞过一团黑色的东西，这东西看上去像雾状的凝结物。经过研究分析表明：黑色闪电是由分子气凝胶聚集物产生出来的，而这些聚集物是发热的带电物质，极容易爆炸或转变为球状的闪电，其危险性极大。

据观察研究认为，黑色闪电一般不易出现在近地层，如果出现了，则较容易撞上树木、桅杆、房屋和其他金属，一般呈现瘤状或泥团状，初看似一团脏东西，极容易被人们忽视，而它本身却载有大量的能量，所以，它是“闪电族”中危险性和危害性均较大的一种。尤其是，黑色闪电体积较小，雷达难以捕捉；而且，它对金属物极具“青睐”；因而被飞行人员称作“空中暗雷”。飞机在飞行过程中，倘若触及黑色闪电，后果将不堪设想。而每当黑色闪电距离地面较近时，又容易被人们误认为是一只飞鸟或其他什么东西，不易引起人们的警惕和注意；如若用棍物击打触及，则会迅速发生爆炸，有使人粉身碎骨的危险。另外，黑色闪电和球状闪电相似，一般的避雷设施如避雷针、避雷球、避雷网等，对黑色闪电起不到防护作用；因此它常常极为顺利地到达防雷措施极为严密的储油罐、储气罐、变压器、炸药库的附近。此时此刻，千万不能接近它。应当避而远之，以人身安全为要。

闪电气流在雷雨云中会因为水分子的摩擦和分解产生静电。这些电分2种：①带有正电荷粒子的正电，②带有负电荷粒子的负电。正负电荷会相互吸引，就像磁铁一样。正电荷在云的上端，负电荷在云的下端吸引地面上的正电荷。云和地面之间的空气都是绝缘体，会阻止两极电荷的电流通过。当雷雨云里的电荷和地面上的电荷变得足够强时，两部分的电荷会冲破空气的阻碍相接触形成强大的电流，正电荷与负电荷就此相接触。当这些异性电荷相遇时便会产生中和作用（放电）。激烈的电荷中和作用会放出大量的光和热，这些放出的光就形成了闪电。

大多数的闪电都是接连2次的。第一次叫前导闪接，是一股看不见的空气，一直下到接近地面的地方。这一股带电的空气就像一条电线，为第二次电流建立一条导路。在前导接近地面的一刹那，一道回接电流就沿着这条导路跳上来，这次回接产生的闪光就是我们通常所能看到的闪电了。

雷暴的方位与路径的确定

雷暴是大气中的一种放电现象，产生于积雨云或云地之间。雷暴发生时，常常伴随着大风、暴雨、冰雹等灾害性天气，其强大的电磁能量的释放，常常给人民生命财产造成巨大损失，尤其是在我国迈进信息时代，电子产品日益普及的今天，雷暴对各种微电子设备的危害日益严重。防雷减灾已经成为气象部门重要的工作之一。因此，在地面气象观测中，正确判断和记录雷暴方位及其移动路径，对探索本地雷暴活动规律、防灾减灾具有重要意义。

根据多年来对雷暴的观测，我们认为要正确判断雷暴方位及其路径，要从以下几点入手：

（1）要掌握本地雷暴盛期的气候概况。一般地说，春末夏初和秋初，雷暴多随天气系统出现，特别是冷锋过境时；而炎热的夏天高温高湿，雷暴常出现在午后地方性积雨云中。

（2）要熟悉本站四周地形特点。雷暴的出现方位及移动路径受地形影响很大，因此，熟悉地形掌握规律，做到心中有数，才能减少对雷暴系统的判断失误。

（3）要熟记观测场四周日标物的跨度。雷暴的观测点与云及能见度一样是固定在观测场内某一点的。雷暴的 8 个方位是以该点为圆心的圆心角度数来确定的（正北为 0 度，每 45 度为一个方位），圆心角对应的弧长近似于两方位间的距离，弧长越长，两方位间的距离就越长，反之亦然。阜阳观测场地处阜阳民航机场飞行区内，四周开阔平坦，障碍物与观测点距离较远，因而两方位距离就长，而山地丘陵台站四周障碍物较近，因而两方位间距离就较短。雷暴是一种突发性很强的大气放电现象又常伴有降水等天气现象，要观测员每次都到观测场去观测是不可能做到的，也是不必要的，很多情况下只能在值班室里就近观测，而值班室距观测点有一段距离，这就需要注意临时观测点的方位。对于远处的雷暴，确定其方位时，不易受影响，而山地站两方位间距离很短，在确定近处雷暴方位时，如果不掌握观测点方位目标跨度和值班室就近临时观测点，确定坐标方位之间的差异，有时就会因观测点位置不同造成人为的方位误差。

(4) 借助积雨云的方位移向或闪电判别系统。目前有很多台站由于离市区较近，往往城市的噪音影响到雷暴的方位判别。孤立存在的积雨云的方位和移动方向，大体上能反映雷暴移动方向。因此，白天可根据积雨云方位来判断雷暴发生的方位及移动路线，夜间可根据闪电来判断雷暴的方位。一般，讲闪电出现的方位即是雷暴出现的方位。在大范围有积雨云时，则要判断区别雷暴系统的主要部位和次要部位（只记录主要部位的移动路径）。雷声频率较高、声响较大、云底颜色特别黑暗、雨幕特别浓的部位是积雨云主要部位。在夜间，闪电较亮频率较高，并且多云地间垂直闪电的是主要部位。在雷声成串多方位闪电时，不要一看到或听到一两次闪电或雷声就盲目记录，这样容易造成记录混乱而不能反映雷暴活动真实情况。此时应该多观察，连续观测，根据各方向上雷声或闪电连续的情况，判断有几个雷暴系统。这样才能准确记录雷暴活动的真实情况。

气象雷达测天气

我国古代神话中有千里眼和顺风耳的故事。而雷达就是科学的千里眼。雷达是一种无线电装置，其英文名称是 RADAR（即 Radio Detecting and Ranging 的缩写），是无线电探测和定位的意思。早期的雷达主要用于军事目的。现在已广泛用于航空、航海、气象、科学研究等各个方面。用来观云测雨的雷达，就是天气雷达，已成为气象部门监测天气实况和预报未来天气的有力工具。

专门用于大气探测的雷达，属于主动式微波大气遥感设备。与无线电探空仪配套使用的高空风测风雷达，只是一种对位移气球定位的专门设备，一般不算作此类雷达。气象雷达是用于警戒和预报中、小尺度天气系统（如台风和暴雨云系）的主要探测工具之一。

气象雷达通过方向性很强的天线向空间发射脉冲无线电波，它在传播过程中和大气发生各种相互作用。如大气中水汽凝结物（云、雾和降水）对雷达发射波的散射和吸收；非球形粒子对圆极化波散射产生的退极化作用，无线电波的空气折射率不均匀结构和闪电放电形成的电离介质对入射波的散射，稳定层结大气对入射波的部分反射；以及散射体积内散射目标的运动对入射

气象雷达

波产生的多普勒效应等。

气象雷达回波不仅可以确定探测目标的空间位置、形状、尺度、移动和发展变化等宏观特性，还可以根据回波信号的振幅、相位、频率和偏振度等确定目标物的各种物理特性，例如云中含水量、降水强度、风场、铅直气流速度、大气湍流、降水粒子谱、云和降水粒子相态以及闪电等。此外，还可利用对流层大气温度和湿度随高度的变化而引起的折射率随高度变化的规律，由探测得到的对流层中温度和湿度的铅直分布求出折射率的铅直梯度，并通过分析无线电波传播的条件，预报雷达的探测距离，也可根据雷达探测距离的异常现象（如超折射现象）推断大气温度和湿度的层结。

雷达定位的基本原理并不复杂。雷达定向地发射出电磁波（称为发射波），发射波遇到目标物后被，散射波的一部分由雷达接收下来。雷达采用极坐标扫描方式，记录下雷达所指向的方位，就确定了目标物相对于雷达的方位。有了距离和方位，目标物这个点就定下来了。云雨是一种特殊的目标物。云雨中的云滴、雨滴、雪晶、冰粒等降水粒子能够散射雷达波，当它们散射回来的能量足够大时，雷达就能识别出来，而在雷达荧光屏上显示出云雨的彩色图像，这就更为直观和定量。训练有素的雷达工作人员根据这些图像，判断这个云雨目标物的性质，是降雨还是降雹，是否伴有雷电大风，未来移向何处，是加强还是减弱等。

多普勒天气雷达是利用多普勒效应工作的。不知你是否有过这种体验，当你位于火车站台上，远处有一列火车向着你驶来时，你听到火车的鸣笛声会变得越来越尖锐；当这辆列车经过你面前又逐渐远去时，火车鸣笛声会变得越来越低沉。这是由于声源对于你有相对运动，你感受到的声源频率有所改变了。这就是多普勒效应。多普勒天气雷达在探测云雨时，云滴等降水粒子相对于雷达也有运动，这个运动在雷达所指的经向上有个分量，这个分量是朝向雷达或者背离雷达的，由于多普勒效应降水粒子散射回来的雷达波（称为回波）的频率比发射雷达波有所偏离。多普勒雷达能测量到这个频率偏移，通过这个频率偏移来了解云中降水粒子的运动情况，从中提取丰富的气象信息。因而具有多普勒功能的天气雷达，对于监测雷雨大风、冰雹大风、龙卷、下击暴流、低层风切变等强对流天气更为有利。多普勒天气雷达在定量测量降水量方面，也具有更先进的功能，还能增强我们对暴雨的监测能力。

知识点

雷　达

雷达是利用电磁波探测目标的电子设备。雷达所起的作用跟眼睛和耳朵相似，当然，它不再是大自然的杰作，同时，它的信息载体是无线电波。事实上，不论是可见光或是无线电波，在本质上是同一种东西，都是电磁波，差别在于它们各自占据的频率和波长不同。雷达的原理是雷达设备的发射机通过天线把电磁波能量射向空间某一方向，处在此方向上的物体反射碰到的电磁波；雷达天线接收此反射波，送至接收设备进行处理，提取有关该物体的某些信息，如目标物体至雷达的距离，距离变化率或径向速度、方位、高度等。

风雨雷电中的科学

你知道“四季东风是雨娘”、“夏雨隔牛背，秋雨隔灰堆”、“南闪火门开，北闪有雨来”、“顶风雷雨大，顺风雷雨小”这些气象谚语所蕴含的科学道理吗？你能根据刮风的情况预测天气变化吗？你知道午后的风速为何一般较大吗？你知道为什么说“一场秋雨一场寒”吗？你知道春风会带病来吗？你知道为何雷雨过后空气更清新吗？

如果你还不知道，看了本章内容你就可以明白其中道理，从而增加你的基础知识，提高你的科学素养。如果由此养成乐于探究日常生活中蕴含的科学道理的习惯，那么你就会成为一个用“科学”武装起来的有本领有力量的人！

气象谚语

由于我国地域辽阔，各地天气气候有所差异，因此天气谚语流传于全国各地，北起黑龙江南至南海诸岛，东起东海西至新疆、西藏，到处都有天气谚语。例如黑龙江有“初冬寒春雨多”；南海的西沙群岛有不少关于台风的天气谚语，如“古龙晒太阳，不久台风狂（到）”，“古龙晒太阳”是指在太阳下方有一束橙黄色的黄带；东海同样有很多关于长、中、短期天气变化的谚语，如舟山群岛的“上灯遇风暴，稻花风吹落”是说正月十三（上灯）到十八（落灯）如果遇上偏北大风，则预示着6—7月早稻扬花或收割的时候会有台风影响；新疆、西藏也都有不少天气谚语，如新疆南部的“冬雪大，来年春暖多风沙”，西藏的“春天风沙大，夏天雨水少”等。天气谚语的内容非常丰富，有关于气候描述的，不少地方都有“十二月歌”、“九九歌”。如湖南省韶山地区就有“正月阴、二月星、三月、四月大雷公，五月雨、六月晴，七月、八月有大风，九月寒霜十月雪，十一、十二寒潮节”；在华北和黄淮地区也有“一九、二九不出手，三九、四九冰上走，五九、六九沿河看柳，七九河开，八九雁来，九九加一九耕牛遍地走”等。有些是反映了气象关系，“霜后暖，雪后寒”就是一例，霜冻一般出现在冷空气侵袭后的高压控制下，霜后多是风小、天晴、阳光明媚的天气，自然比较暖和；下雪常是冷空气的前锋和暖湿空气相遇产生的，冷空气的主力还在后面，而且雪面对太阳辐射能吸收很少，这也是雪后寒的原因之一。这类谚语也不少，像“热生风，冷生雨”，“一场春雨一场暖”，“一场秋雨一场寒（凉)”等等那是有一定科学道理的。许多谚语是关于长期、中期、短期天气变化的，在长期天气变化的谚语中又有关于旱涝、降水和冷暖趋势的，关于降水过程和冷空气活动的，以及关于稻冻、大风、冰雹、台风的等等。

关于风的谚语

风是最容易觉察的现象，所以关于风的谚语很多。

四季东风是雨娘。(湖南)

东风是个精，不下也要阴。(湖北枣阳)

温带区域和它的北面——就是约在北纬30°的地方——的雨水，主要是由于气旋带来的。气旋的行动，老是自西向东的，在它的前部，盛行着东北风、东风或东南风。故气旋将到的时候，风向必定偏东的。所以东风可以看做气旋将来的预兆。因为气旋是一种风暴，是温带区域下雨的主要因子，所以我们看到吹东风，便知是雨天的先兆。

东风四季晴，只怕东风起响声。(江苏南京)

偏东风吹得紧要落雨。(上海)

东风急，备斗笠，风急云起，愈急必雨。(《田家五行》论风)

这几句话的意思是说：东风是不一定下雨的，东风大了，倒是可怕的。东风既然很小，那么，这般气流，必定从很近的地方来的，也许就是本地的气流。它的一切性质，必定和本地环境是一致的，所以天气是难得变坏的。但是，如果东风很有劲，这表示气旋前部的东风，是远方来的气流，将有气流的不连续面——锋面来本地活动，所以天气要变了。

关于雨雪的谚语

天上落下的雨、雪、冰雹和地面凝成的露水、白霜，虽然同是气界水态的变化，但是各有其气象成因，同时也表示不同的未来天气。因为这些现象是最易观察的，也是和人类生活有直接关系的，所以这类谚语相当可靠。

夏雨隔牛背，秋雨隔灰堆。(浙江)

十里不同天。(江苏无锡)

我国属于大陆性气候，夏天的雨大多属于热雷雨或阵雨。热雷雨的发生，基本上是因为地面受热，发生对流运动，把地面的水汽送到高空，凝成雷雨云而发生的降水。但是由于地面各部分的物理性状不同，对于热力的反应也不同，因此地面上的气温有高有低。例如森林草原地区温度低，不毛之地温度高；柏油大道温度高，煤渣马路上温度低。所以在极小范围之内，空气对流的强弱，可以有很大差别。这里的对流，可以发生雷雨云，那里就不可能。再因为雷雨云的面积，普通不过几平方千米，所以我们常看见城南下雨而城北未必下雨的现象。这就是所谓的“十里不同天”。到了秋天，还留着些夏天的景象，所以还有“秋雨隔灰堆”之说。

霜后暖，雪后寒。(苏南)

霜前冷，雪后寒。(江苏镇江)

落雪勿冷，融雪冷。(南京、山西太原、河南商丘)

霜和雾都是晴天的产物。因为天空无云，夜间地面散热很强，温度才能下降到0℃以下，使贴近地面的水汽直接凝成白霜，所以凝霜之前是冷的。等到天亮日出，因为天空无云，太阳光很强，霜的水分很少，融解时并不需要大量热力，所以天气相当温暖。

雪是从高空落下来的，凝雪的时候，地面气温并不一定很冷。但是雪要融解成水，就须吸收大量的热力（1 克的雪，融解成水所吸收的热量，等于把 1 克水的温度，从 0℃升到 80℃时所需要的热量）。这热量就从地面层空气中吸去，所以不等到雪融完，气温是不可能回升的。

关于雷电的谚语

所有的雷声闪电，都是在雷雨云里发生的。

南闪火门开，北闪有雨来。(浙江)

南闪千年，北闪有雨来。（浙江、《田家五行》论电）

南闪半年，北闪跟前。（江苏常熟、无锡）

电光西南，明日炎炎。（浙江义乌、江苏常熟、元锡）

电光西北，下雨涟涟。（同上）

东南方向闪电晴，西北方向闪电雨。（湖北应城）

南闪晴，北闪雨。（广东）

这几句所讲的闪电，是发生在冷锋上的，称为冷锋雷雨，或飑线雷雨。冷锋位于北来冷气团的前锋，从北向南行动。看到雷电发生在北方，可见冷气团将跟着冷锋，自北向南而来，所以“北闪有雨来”。如果看到电闪发作在南方，它必定再向南去，不再北来。这时在本地方盛行着的是干燥而清洁的北方气团，刚到时比较冷些，但是因为天青无云，阳光强烈，温度是会很快升高的，所以说“南闪火门开”。

东闪西闪，晒煞泥鳅黄鳝。（浙江）

东霍霍，西霍霍，明天转来干卜卜。（福建福州）

电光乱明，无雨天晴。（陕西武功）

夏季雷雨一般有 2 种类型：①锋面雷雨，②局地热雷雨。前者是由于锋面上升气流引起的，呈带状分布，范围广，生命久；后者是由于局地性强热对流引起的，范围小，生命短。“东闪西闪”就是第二种雷雨体现的现象。我们仅能看到电光，听见雷声，而不涉及降水。因此“电光乱明，无雨天晴”。

顶风雷雨大，顺风雷雨小。（浙江黄岩）

逆阵易来，顺阵易开。（江苏苏州）

“阵”就是雷阵雨，逆和顺是依雷阵雨的行动方向而定的。譬如雷阵雨从西向东走，本地吹着东风，和阵雨相逆，这叫做“逆阵”；反之，如果本地吹着西风，和阵雨的行动方向一致，这叫做“顺阵”。雷雨是从雷雨云下来的，雷雨云发展的方向，才是雷阵雨将到的方向。雷雨云的发展，必须有对它相向辐合的地面气流来支持它，供给它必要的水汽，所以对它吹的逆阵风，实际就是供养它发展的风。既然东方是供养它的气流的来向，所以它向东方发展，就是逆阵易来的道理。如果本地吹着西风，这种风是高空下沉的风，下沉风比较干燥，云块碰到它是要蒸发消失的，所以说顺阵易开。即使不是下沉风，雷雨云也将顺着风东去，不再回到这里。

知识点

为什么说"春雨贵如油"

这种说法主要适用于我国华北地区，因为这里春旱较为严重，春雨占全年降水量的10%～15%，有的地方少于10%。春季承接着秋、冬两个少雨季节，再加上春季气温回升快，风天多、蒸发强烈，往往易形成连续干旱。同时，这时正是越冬作物返青至乳熟期，需水多，玉米、棉花等播种成苗，也要求充足的水分，因而春旱显得突出。此时，若能有雨水降临，自然就显得特别宝贵，故有"春雨贵如油"之说。其原因是，此时夏季风尚停留在岭南一带，雨季未到。

而在东北和南方，这种说法就不太适用。第一，因为南方春天下雨的机会较多。第二，东北地区虽春雨也少，降水量的2/3集中在6—8月，但东北冬季漫长，地面积雪厚，山地积雪厚达40～50厘米，平原一般厚达20厘米。冬季气温低，蒸发量小。积雪像水库一样，把冬季降水的大部分积存下来。第二年春季积雪消融，正值春播开始，雪水便成为稳定的水源，故东北无春旱现象。

凭风知天气

"东风送湿西风干，南风吹暖北风寒。"这则谚语流传在长江中下游一带，它说明不同的风会带来冷暖干湿不同的天气。

长江中下游地区东临海洋，西连大陆，这里的风东吹西刮、南来北往，担负着交流寒暖、运送水汽的任务。东风湿、南风暖，暖湿的东南风为云雨的产生提供了丰富的水汽条件，只要一有上升的机会就会凝云致雨。所以有"要问雨远近，但看东南风"、"白天东南风，夜晚湿布衣"的说法。而西风干、北风寒，晴天刮西北风，预示着继续晴冷无雨；雨天刮西北风则预示着干冷空气已经压境，随着冷空气层的增厚，空中的云层升高变薄，不久就会云消雨散了。所以，谚语说"西北风，开天锁"。

在温带地区，地面上如有两股对吹的风，它们往往是两股规模大、范围广，温度、湿度不同的冷气流和暖气流。南风运载着暖湿空气，北风运载着干冷气流。在它们相遇的地带，形成了锋面。锋面一带，暖湿空气的上升运动最为旺盛。有时暖湿气流势力强大，主动北袭，并凌驾于冷气流之上，向上滑升，冷却凝云。这时，天上云向（暖气流）与地上风向（冷气流）相反，“逆风行云，定有雨淋”。随着云层迅猛发展、增厚，便形成范围广大、连绵不断的云雨了。有时，干冷空气的势力比暖湿气流强大，它主动出击，像一把楔子直插空气下面，把暖湿空气抬举向上，锋面一带便出现雷雨云带。在这一带，雷鸣电闪，风狂雨骤。

看风识天气

锋面云雨带的移动，决定于南北气流势力的消长。某地南风劲吹，说明该地处于锋面云雨带以南，这时暖锋北去，天气晴暖。但是，“北风不受南风欺”，“南风吹到底，北风来还礼”，“南风吹得紧，不久起风雨”。每一次吹南风的过程，虽晴暖一时，却又预示着北风推动冷锋南下。所以，一旦“转了北风就要下”，就会云涌雨落。而南风刮得越久，说明暖湿气流积蓄的力量也越强，当北方冷空气一旦南下，越易出现势均力敌的拉锯局面，使锋面在这一地区南北摆动、徘徊不去，会形成连续阴雨的静止锋天气。因此，有“刮了长东南，半月不会干”的说法。如果冷空气势力特强，南下的冷锋云雨往往一扫而过，一下子被推到南方的海洋上；北风愈猛，晴天愈长久。因此，“南风大来是雨天，北风大来是晴天。”

高气压和低气压的移动，也常常通过刮风而表现出来。高气压控制下的晴天，如果不刮风，表明高气压系统没有明显移动，晴天仍继续；低气压系统影响下的阴雨天，如果无风，表明低气压系统也很少移动，因而继续阴雨。长江中下游地区降水的低气压系统多由偏西方移来。所以，一年四季的雨前风向多偏东，而且呈逆时针变化，即风向由东南——东——东北地变化；相反地，如果风向由东南到偏西变化，一般无雨，只有夏季地方性积雨云出现时才有可能下雨。谚语说：“四季东风四季下，只怕东风刮不大”，就说明了低气压系统影响前当地的风向。还有“雨后生东风，未来雨更凶”的说法：即雨停后，仍有三四级的偏东风，这是降雨暂停的征兆，表明西边还有低气压移来，未来会下更大的雨。

一般说来，在东北风中开始的降雨，下的时间长，雨量也较大。如果在将要下雨或开始下雨时，风向时而东北、时而东南，这叫做“两风并一举”；预示着移来的低气压系统范围大、移动慢，未来必有连阴雨。

在雨天，如果风向转为偏西，天气大多转晴。风向越偏西北方，风力越大，则转晴越快，晴天维持的时间也较长。有时西风很小，天气仍不晴，这就属于“东风雨，西风晴；西风不晴必连阴”的情况。如果在偏南或西南风里转晴，则往往晴不长，表明下次雨期较近。

有时，偏东风连刮两三天，天气仍不变，风反而越刮越紧，这种情况多在旱天出现；这时气温表现为“日暖夜寒”，人们称之为“天旱东风紧”、“东风冷要旱”。当低气压控制本地时，东风风力不大，午后近地面常有旋风发生，预示近期天旱。“东风刮，西风扯，若要下雨得半月。”这是说，在一两天内风向时而偏东、时而偏西，预示中期内没有强大的天气系统侵入，不会有降水现象。

值得注意的是，相同的风也不一定会出现相同的天气。看风识天气还得看具体条件：

（1）看季节。在夏季，暖气流强于冷气流，东南风一吹，锋面云雨带推向北方。这时长江中下游地区在单一的暖气流控制下，空气缺乏上升运动的条件，所以有“一年三季东风雨，独有夏季东风晴”的说法。要是在太平洋副热带高压的稳定控制下，盛行夏季风。夏季风虽然是来自东南海洋，但高气压控制下的气流稳定，天气晴热少雨，于是“东南风，燥烘烘”了。如果夏季吹西北风，反而预示下雨，所以有“冬西晴，夏西雨”，“夏雨北风生”的谚语。

在冬半年，冷空气强于暖空气，西北风常把锋面云雨带推向南方海洋。这时长江中下游地区在单一的冷空气控制下，天气晴朗，正像谚语所说的“秋后西北田里干”、“春西北，晒破头；冬西北，必转晴。”如果这时刮起东南风，但刮不长，这就是“南风吹到底，北风来还礼”，预示锋面云雨带影响到本地，天将变阴，“要问雨远近，但看东南风”。

（2）看风速。谚语说得好，“东风有雨下，只怕太文雅”，只有“东风昼夜吼”，才能“风狂又雨骤”；只有“东南紧一紧”，才能“下雨快又狠”。冬天和旱天，偏东风要刮两三天才能有雨；如果风力达到五六级，则刮一两天就可能下雨。而在初夏和多雨期，只要东南风刮一阵就会下雨。

另外，“风是雨的头，风狂雨即收”。阵雨前，往往是风打头阵，先刮风，雨才随后下降。雨停的时候也是风先增大，然后雨再停，即“狂风遮猛雨”。这种现象都是在积雨云下发生的。因为积雨云下快接近雨区时先有风，然后下雨，待风大雨大时，雨区很快就过去了。

（3）注意地方性。必须区别“真风”和“假风”。在一般情况下，风向风速都有各地不同的日变化规律。这种正常的日变化规律，并不反映天气系统的影响，人们称为“假风”。只有风向稳定在某个方向，风力逐渐增大，才是能预兆天气变化的“真风”。一般“真风”要从早刮到晚，从傍晚刮到午夜；特别是夜风，对于预报天气的晴朗转折，效果更好。至于地方性的山谷风，也属于“假风”，不能用来预报天气转折。

风向与天气

风向与天气变化的关系十分密切。在冬半年，我国广大地区受蒙古冷高压控制，风向为偏北风（西北或东北风），带来的是西伯利亚和蒙古高原上的干冷空气，因而天气晴好，少雨雪。进入伏期，我国江南地区受副热带高压控制，虽然吹来自海上的东南风，但由于高压内部盛行下沉气流，近地层的水汽难以上升形成云雨，所以是闷热的伏旱天气，气温常常高达 35～40℃。仅仅在午后局部地区因热对流形成短时的小阵雨天气。

3—4 月，从海上吹来的偏南风携带的暖湿空气与仍有一定势力的冷空气（偏北风）在华南一带相遇，形成了华南前汛期雨季。6 月中下旬，副热带高压脊线北跳到北纬 20°附近，北方的冷空气（偏北风）与副热带西北侧的偏南风在长江流域相遇，形成长江中下游的梅雨期。7 月中旬以后，副热带高压脊线进一步北跳到北纬 30°附近，南北空气在黄河淮河流域至华北一带相遇，雨带也就移到这一带形成北方的雨季。7 月下旬以后，偏南风达到华北北部至东北一带，这时便形成华北北部和东北的雨季。

午后的风速为何一般较大

我们都有这样的生活经验，在一般情况下，早晨的风并不太大，随着太阳的升高，风也渐渐大起来，午后的风最大，傍晚风又小了下来，夜间的风最小。这种风速的日变化是怎样形成的呢？

这主要同太阳的照射有密切的关系。空气流动的速度，往往受到山脉、建筑物以及高低不平地面的阻挡、摩擦等影响，所以，近地面的风速通常比高空来得小。白天，太阳透过空气层照耀着大地，地面吸收大量太阳热，温度不断升高，晒热了的地面把近地面的空气逐渐烘热，这样被烘热了的空气密度小，轻而上升，上层较冷的空气密度大，重而下沉，形成了空气的上下对流。由于上层空气带着较大的风速下沉到低层，近地面的空气带着较小的风速上升到高空，这种上下空气的交换，就使近地面的风速逐渐增大，高空风速逐渐减小。午后，近地面的空气最热，上下热对流也最厉害，所以风速最大。傍晚，太阳西下，地面温度降低，热对流不断减弱，风也逐渐小了起来。夜间，近地面空气冷却，空气对流停止，风就微弱了。

这种风速白天大，晚上小的规律，是正常天气条件下常有的现象。如果有寒潮暴发，低气压发生、发展，或台风中心逼近，就会破坏这种规律。

但是，在刮东风的时候，一天内的风速变化，却是早晚比午后来得大。如谚语中有“东风两头大，西风腰里粗”的说法；这里的“两头”是指早、晚，“腰里”是指中午，“粗”是风大的意思。这又是什么原因呢？

由于我国高空的空气流动方向，大多是自西向东的，也就是说，高空是盛行的偏西风；当地面吹偏东风时，低层气流和高空气流运动方向刚好相反，这就促使低层的东风因受高层西风的影响而减速了，近地面的东风也就减弱了。这种风力的削弱，中午最甚；早晚热对流较弱，东风减弱的程度较中午来得小，所以吹东风时，早晚两头的风较大。

当地面吹西风时，高空和低层空气的流动方向一致向东，随着上下对流的加强，地面西风逐渐加大，午后最大，傍晚又减小，这也就是西风“腰里粗”的道理。

为什么说“一场秋雨一场寒”

“一场秋雨一场寒，十场秋雨要穿棉”。这是民间流传的一句俗话。这种说法有没有科学根据呢？经气象科技工作者研究认为，这种说法不但有道理，而且很形象。原来入秋后，南来的暖湿空气逐渐减弱后退，而北方的冷空气在南下的过程中和逐渐衰退的暖湿空气相遇，就形成一场雨。下雨一次，暖湿空气就失败一次，而向南后退一步，冷空气就会前进一步。几次天气过程后，天气就冷下来了。造成气候变化的根本原因是这时太阳直射光线向南移动，照在北半球的光和热一天天减少，这就有利于冷空气的增强和南下，所以，天气就会不断地变凉。当然，“十场秋雨要穿棉衣”，只是说明秋季一来，天气就一天天变冷了，并不是说真的下了十场雨就要穿棉衣。

金秋季节，有幸到过首都北京的人，总不忘去观赏香山红叶。“看万山红遍，层林尽染”，艳丽的秋景令人心旷神怡，流连忘返。在众多种类的红叶中，枫叶因其形状美观、秋来红色经久不衰而最为出色。

历代文人骚客留下过许多吟诵枫叶的千古绝唱，最著名的莫过于唐代杜牧的“停车坐爱枫林晚，霜叶红于二月花”，为我们展现了一幅灿若朝霞的山村秋景图。元代剧作家王实甫，在他的《西厢记》里所作的秋景描写：“碧云天，黄花地，西风紧，北雁南飞。晓来谁染枫林醉？”一个“醉”字，形象生动地说明了枫叶的颜色；一个“谁”字，又提出一个含有科学性的问题：枫叶为什么会红呢？科学实验证明，植物叶片除了含有叶绿素（绿）、叶黄素（黄）、胡萝卜素（橙）等色素外，还有一种叫花青素的特殊色素，它是一种“变色龙”，其在酸性液中呈红色。随着季节更替，气温、日照相应增减，叶片中的主要色素成分也发生变化。到了秋天，气温降低，光照减少，对花青素的形成有利，而枫树等红叶树种的叶片细胞液呈酸性，整个叶片便呈现偏红的颜色。所以在带有寒意的秋风声中，枫叶逐渐变红。

春风带病来

“慢道春来好，狂风大放颠”，这是唐代大诗人杜甫描写春风的诗句。远在1200多年前，诗人就提醒人们：不要以为春天来了什么都好，那随之而来的大风，也会带来灾祸。

现代医疗气象学告诉我们：春风使地表蒸发强烈，空气湿度猛然减少，这会使人一下适应不了，口干唇裂，鼻腔黏膜变得干燥，弹性减小，容易出现微小的裂口，防病功能随之降低，使许多病菌乘虚而入。呼吸道疾病的发生，像支气管炎、流感、肺结核等许多疾病的流行，往往是“风助病威”的结果。春天的大风，会加剧空气与皮肤的热量交换，使体内的热量过多散失，造成人的抗病能力下降。春天的风寒可使体表皮肤血管收缩，直接诱发某些风湿性疾病的发生，如雷诺病、硬皮病等。在户外工作和活动时，若受强冷的春风吹袭时间过长，容易引起“歪嘴疯”(面部神经麻痹病)。

春风呼啸时，空气的冲撞摩擦噪音使人心里感到烦躁不适。特别是有时大风音频过低，甚至达到“次声波”的标准。科学家们已经发现次声波是杀人的声波，它能直接影响人体的神经中枢系统，使人头痛、恶心、烦躁，甚至置人于死地。猛烈的春风常使空气中的“维生素”——负氧离子严重减少，导致那些对于天气变化敏感的人体内化学过程发生变化，在血液中开始分泌大量的血清素，让人感到神经紧张、压抑和疲劳，并会引起一些人甲状腺负担过重。所以，我们必须当心春风带来的疾病。

知识点

甲状腺

甲状腺是人体最大的内分泌腺体，位于甲状软骨下紧贴在气管第三，四软骨环前面，由两侧叶和峡部组成，平均重量成大约20～25克，女性略大略重。甲状腺后面有甲状旁腺4枚及喉返神经。血液供应有上下左右四条动脉，所以甲状腺血供较丰富，腺体受颈交感神经节的交感神经和迷走神经支配，甲状腺的主要功能是合成甲状腺激素，调节钙的代谢，维持血钙平衡，分泌不足时可引起血钙下降，出现手足搐搦症；功能亢进时则引起骨质过度吸收，容易发生骨折。故有些人出现上述症状时应考虑是不是与甲状旁腺功能失调有关。

雨中散步益处多

近年来，在我国南方的一些城市，出现了雨中散步的热潮，当天空下起毛毛细雨时，漫步林荫道上，心旷神怡，别有一番情趣。

散步时运动量比较小，通过腿、肾、腹压和臂部等一些肌群交替地收缩和放松的协调运动，生理负荷逐步增加，就会使人的呼吸加深，肺活量扩大，血液循环加快，有助于更多的氧气输送到大脑。

雨中散步

现代医疗气象学研究认为，雨中散步有许多晴日散步所不可比拟的健身作用。一场毛毛细雨降落大地，可洗涤尘埃污物，净化空气，使树木更青、花草更鲜、路面更洁净、空气更清新。此外，雨前残阳照射及细雨初降时所产生的大量阴离子，享有“空气维生素”的美称，令人安神逸志，心情舒畅，并有助于降低血压。到野外冒着细雨散步，还有利于消除阴雨天气容易引起的人体情绪郁闷症。

有的人在气温较高、比较暖和的天气冒雨散步，更有一番情趣，霏霏细雨犹如一种天然的冷水浴，对颜面、头皮、肌肤进行按摩，令人神清气爽，耳目一新，疲劳顿消，愁烦俱除。尽情地享受生命在雨露中运动的欢乐，不但会大大增强肌体对外界环境变化的适应能力，且能促进工作活力、提高工作效率。

知识点

阴离子的生理作用

阴离子由肺进入人体，当在呼吸道时，它能使上皮纤毛运动加速，刺激呼吸道内感受器传导到大脑皮层，通过反射作用于人体；它通过肺泡上皮层进入血液后，可放出电荷作用于血细胞和蛋白质；阴离子能使大脑皮层抑制过程加强，调整大脑皮层的功能，故能镇静和催眠；阴离子进入血液，可使红细胞沉降率变慢，凝血时间延长；还能使红细胞和血钙含量增加，白细胞、血钾和血糖下降，使疲劳肌肉中乳酸的含量也减少；阴离子能使肾、肝、肾上腺等组织的氧化过程加强。

人工降雨对人有害吗

运用云和降水物理学原理，通过向云中撒播催化剂（盐粉、干冰或碘化银等），使云滴或冰晶增大到一定程度，降落到地面，形成降水。又称人工增加降水。其原理是通过撒播催化剂，影响云的微物理过程，使在一定条件下本来不能自然降水的云，受激发而产生降水；也可使本来能自然降水的云，提高降水效率，增加降水量。撒播催化剂的方法有飞机在云中撒播、高射炮或火箭将碘化银炮弹射入云中爆炸和地面燃烧碘化银焰剂等。

高炮人工降雨就是将含有碘化银的炮弹打入有大量积雨云的4000～5000米高空，碘化银在高空扩散，成为云中水滴的凝聚核，水滴在其周围迅速凝聚达到一定体积后降落。碘化银由炮弹输送到高空，就会扩散为肉眼都难以分辨的小颗粒。

和巨量的水滴相比，升上高空的碘化银只是沧海一粟，太多了不仅不会增雨反而会把积雨云“吓跑”，所以，在如此悬殊的情况下，人们绝不会感觉到碘化银的存在。

此外，炮弹弹片在高空爆炸后会化成不足30克，甚至只有两三克的碎屑降落地面，其所落区域都是在此之前实验和测算好了的无人区，不会对人体造成伤害，同时，人工降雨已有一段历史，技术较为成熟，所以对人工降雨人们不必心存疑虑。

为何夏天城区的雨比乡下大

夏天，太阳慷慨地把它的热用短波辐射的方式“馈赠”给地球，由于大气的下垫面地形地貌不一，受热也很不均匀，有容易受热的陆地、城市建筑、道路，有农村大片不易受热的农作物，还有河湖水面等。受热快与多的地方，近地层的空气也因地表的长波辐射被“烤热”得快，体积便膨胀变大，密度变小，轻悠悠地上升。随着热量不断增加、受热不均匀性加剧，“热升冷降”的垂直对流不稳定增强，易产生从云底到云顶厚达 3 ~4 千米甚至更大的积雨云。在有了上升运动、对流的条件下，若上升的暖气团中含有足够的水汽，上空又存在较多的“凝结核”，成云致雨也就顺理成章了。

在夏天，一些城市特别是大城市有许多建筑物、马路、工厂，有各种机动车辆、烟囱、空调、冰箱排出的废气和稠密的人群散热，还有大量的二氧化碳或其他固体污染微粒，使大气变得浑浊，像一层“薄膜”笼罩在上空，导致大气对地面的“逆辐射”增强，即把地面以长波辐射形式向大气放出的热量，一部分折回到地面。加之城市内“蒸发耗热”少，建筑物对空气流通具有阻滞作用，太阳照射的热与人为制造的热源难以散失，使城区的温度比郊外更比乡下高，好像形成了一个“热岛”。城区热对流比乡下强，上空的水汽凝结核又多，对于对流不稳定云层的产生和降水量的增大，都起了重要的促进作用。

然而，任何事物都不是绝对的。就说湖北省江汉平原的夏天，若荆州市白天出现了像上述热雷雨的天气，城区的雨确实比乡下要大。但夜间，地处城市东北方的农村，由于其毗邻长湖有 138 平方千米巨大的水面，比较四周较高地面而言，水面夜间辐射冷却降温慢，若湖面上空有云层的话，云顶辐射降温快，而云底又向下逆辐射，其下方湖面夜间成为相对暖区。暖空气上升，冷空气下沉，同样会产生对流不稳定云层，有时便下起了短时雷阵雨。这时候，荆州城区因辐射降温比湖泊的水体要快得多，反而成为了相对稳定区，可能出现滴雨不下的另一番景象，或者只是吹上一阵清凉的东北风。

看来城区的雨究竟会否比乡下大，还不能一概而论，必须具体情况具体分析了。

为何雷雨过后更清新

夏天的傍晚，有时乌云、大雨、闪电、雷鸣往往相互交错，一起降临。雨后，我们会感到空气格外新鲜。这是什么原因呢？

原来在闪电时，发生了一场化学变化，空气中的氧气，有些变成了臭氧。其次是经过一场倾盆大雨，给空气淋了个浴，把空气中的灰尘大部分冲掉了。臭氧也是氧，只不过比普通的氧多了1个氧原子。1个氧气分子中，含有2个氧原子，而臭氧却含有3个氧原子。臭氧从哪儿来的呢？

雷声，是云中正电荷区与负电荷区之间，或云中电荷与云外物体的电荷之间发生放电现象所产生的声音。放电时的电位差，往往达到每米几千到上万伏特，所以常常产生巨大的电火花，把空气中氧气激发为臭氧。浓的臭氧是淡蓝色的，很臭，具有很强的氧化能力，还能够漂白与杀菌。稀薄的臭氧可一点也不臭，反而会给人以清新的感觉。雷雨后，空气中就弥漫着少量的臭氧，因此它能净化空气，使空气清新。

知识点

臭　氧

臭氧是氧的同素异形体，在常温下，它是一种有特殊臭味的蓝色气体。臭氧是地球大气中一种微量气体，它是由于大气中氧分子受太阳辐射分解成氧原子后，氧原子又与周围的氧分子结合而形成的，含有3个氧原子。大气中90%以上的臭氧存在于大气层的上部或平流层，离地面有10~50千米，这才是需要人类保护的大气臭氧层。还有少部分的臭氧分子徘徊在近地面，仍能对阻挡紫外线有一定作用。但是，近年发现地面附近大气中的臭氧浓度有快速增高的趋势，这就不是一个好兆头了。

风雨雷电与人类生活

炎炎夏日，风给我们带来凉爽；雨水降落大地，滋养植物，而植物提供给我们必不可少的食物；雷电出现时，我们一般需要关掉电视、停止飞机运行……由此可见，风雨雷电与我们人类的生活息息相关。

利用风力可以提水灌溉，也可以发电；对雨水的科学收集、合理储存，对于缓解缺水的压力意义重大；雷电可能造成一些灾害，但是利用得当，也可以用雷电把空气中的氮“固定”到土壤里从而达到给植物施肥的作用。

风雨雷电随时随地影响着农业、渔业、工业、航空业等各个领域的运行与发展，因此对于风雨雷电，我们要善用其利，学会避害。

风与农业

提起风，人们往往想到的是狂风大作、飞沙走石。它摧折庄稼，掠走水分……其实，农作物时刻也离不开风。

风，对农业生产的功劳何在呢？

风是二氧化碳的运输者。农作物需要的养料二氧化碳是靠风来输送的。植物生理学家称二氧化碳为碳营养，空气中的二氧化碳浓度极其稀薄，每升空气中才含 0.6 毫克，而农作物的光合作用一般每小时每平方分米的叶片能吸收几十毫克二氧化碳。在茎叶密集的农田里，如果密不通风，那么几分钟后叶层周围空气中的二氧化碳就被吸收殆尽，光合作用的“绿色机器”就将因缺乏原料而空转了。有人做过测算，667 平方米作物对二氧化碳的用量，相当于8万～12万立方米的空气中的二氧化碳的含量，这只能靠风把作物周围空气中的二氧化碳源源不断地送到叶片附近。同时，单位时间内二氧化碳进入叶片气孔的量与风的速度有关，农作物边行结实率高就与风速有很大关系。

风是植物花粉的传播者。风能传播花粉，让一些异花授粉的植物的雌花获得花粉，才能形成种子和果实。现在世界上50多万种植物中有10多万种是靠风当“红娘”的，称之为“风媒花”。风媒花一般很小，花丝细长，易被风吹摆动，而且花朵产生的花粉粒多，小而轻，外壁光滑干燥，适于乘风远播。风还能帮助许多植物传播种子，如柳、榆、蒲公英等的种子，可随风飘荡，在地球上到处安家，繁衍后代。

风能调节植物体温。微风能使值物体蒸腾作用正常进行促进植物吸水、吸肥，调节植物体温，使其在高温情况下不易被灼伤。夏天，当太阳高度角为60°时，地球表面上每分钟每平方米收到的太阳能可达130卡（1卡＝4.18焦耳），其中只有1%～5%的太阳光通过光合作用贮藏于植物体中，15%～20%的光能被反射掉，其余的大部分必然被植物体和地面所吸收。新鲜的富含水分的叶片热容量为0.86卡/克，通常1平方分米的叶片约重2克，如果这些热量全被植物吸收，那么每分钟叶子温度将升高48℃，叶片将很快地被高温灼伤而枯萎。但是实际上曝光叶片一般只比空气温度略高几度，这些热量部分用于植物的蒸腾作用，将水化成水汽，然后被风源源不绝地输送出作物层。植物的不断蒸腾作用，才能形成植物体内的“上行液流”运动，才能使植物不断地吸取地下的矿物质营养，植物生理活动才能正常进行。

当然，风对农业也有造成危害的一面。如阳春三月的“寒流”，能使风出土的幼苗“伤风感冒”；夏季的“火南风”，会使农作物蒸腾大量失水而干枯；秋季的“寒露风”来得早，会严重影响晚稻抽穗结实和其他秋作物的生长。研究风对作物的作用，可以尽量趋利避害。

知识点

风力提水

利用风力机提水饮用或灌溉，是风能利用的一种较简单的形式。在大多数情况下不需要发电机，只要把风力机转轴的圆周运动转换成垂直方向的线性运动就可以了。我国风力提水可用于农田灌溉、海水制盐、海水养殖、发展畜牧业及人畜饮水等方面。

在内蒙古自治区的锡林郭勒盟，开展了风力提水供牲畜饮水的试验，结果风力提水每头牲畜每年饮水费用，仅仅为深井柴油机和浅井柴油机费用的1/3 ~ 1/2，是最为经济的。另外，在我国干旱多风的河西走廊，利用风力机提水灌溉草原和农田，也收到很大的经济效益和环境生态效益。

风与渔业

渔业工人为何“抢风头、赶风尾”夺高产

浩瀚的大海，蕴藏着丰富的鱼类资源。我国东海、黄海的沿海就是一个优良的渔场，那里有很多鱼类，地势平坦，深度较浅，底质细软，适合于底拖网渔轮的生产。

我国春季有低气压、夏季有台风形成的风暴，秋、冬季有北方冷空气南下引起偏北大风。大风伴巨浪，给船只航行和渔业生产带来很大困难，特别是在渔汛期间，大风巨浪，会贻误时机影响渔业高产。

我国渔业工人在实践中，摸透了海洋鱼类的“脾气”，用“一分为二”的观点分析风和鱼的关系，坚持“抢风头、赶风尾”，以夺取海洋渔业丰收。

渔业工人抢丰收

渔业工人为什么要“抢风头”呢？

大家知道，在大风来临之前，气压降低，海上产生波浪，波浪向前传播的速度比空气流动的速度快。因此，当大风还未到达渔场之前，传播速度快的波浪就出

现在沿海渔场，其中波浪波长特别长的，叫做“长浪”。另外由于气压的骤变，引起海平面的升降，在气压降低时，海水在水平面方向朝低压中心汇聚，这就是“气压波”。“长浪”与“气压波”都是波浪，它表面上是波形传播，实际上都是海水分子在其平衡位置作激烈的振动，振动的强度是随着海水深度的增加而迅速减小的。鱼类为了逃避上层海水激烈振动对它的冲击，于是集群游向低压中心海区，寻找适宜的栖息环境。渔业工人抓住了在大风前鱼类集群的大好时机，抢风头，多撒网，快捕鱼，将一网网的带鱼、黄鱼、乌贼以及鲨鱼等大量鲜鱼捕捞上来。

那么，为什么还要“赶风尾”呢？

当冬季大风在海面连续地吹刮一段时间后，引起海水在垂直方向的搅拌，产生了海水垂直混合。风力越大，刮的时间越长，海面的垂直混合越向海底传播，使贴近海底的海水也产生较激烈的涡动，这些涡动的海水可将质地较细的海底泥沙掀起来，自下而上地形成一个相当厚的混浊水层。另外，海面上由冷空气引起的气温骤冷，使海水大量散发热量，更加强了海水垂直混合，使浅水区渔场的海水变浊变冷。

由于这些环境条件的变化，使习惯栖息在比较清暖的海水中的鱼群被打散。当风力减弱后，鱼群又要寻找它所适合的环境，这时鱼类又有一个集中的过程。在大风增强、鱼群分散的情况下，尽量不去港口岛屿避风，而是在安全的基础上，采取顶风措施。一旦风力减小，鱼群回复到平时的生活环境，又一次从分散到集中时，渔业工人就立即投入生产，夺取风后的高产。

立夏连日东南风，乌贼匆匆入山中

我国领土宽广，海岸线长达1万多千米，沿海有5000多个大小岛屿，海底平坦的“大陆架”，约占世界“大陆架”总面积的23%。沿海蕴藏着丰富的水产资源，仅鱼类就有1500多种，主要经济鱼类也有200多种，是世界鱼产量较多的国家之一。

渔民在日常的捕鱼劳动中积累了丰富的经验，并把这些经验用生动的语言编成渔谚。例如：舟山渔谚“立夏连日东南风，乌贼（墨鱼）匆匆入山中”，就是说在五月初立夏季节，舟山外海连续吹刮东南风，会使水温上升，水流自东南外海向西北岛屿沿岸，这时乌贼正值产卵时间，卵要附在水中礁石上，加上乌贼本身游动能力很弱，它就随水流游到山边，形成乌贼匆匆入山中的现象，这时是捕捞乌贼的旺季。另外还有“立夏打暴，乌贼抛锚”一说，“暴”在渔业上是指海上刮偏北大风，“抛锚”是指乌贼停止在原地。在立夏季节，乌贼原来是随水流向西北的舟山岛屿游去，当刮了西北大风后，乌贼移动速度减慢，也不易集群，产生“抛锚”现象。

又如渔谚“寒伏温浮，日伏夜浮，清伏混浮”，是说水温降低，鱼群下沉，水温上升，鱼群上浮；中午日光强，鱼群下沉，黎明或傍晚日光减弱，鱼群上浮；水色清晰，鱼群下沉，水色混浊，鱼群上浮。这是鱼和水温、日光、水色的矛盾所产生的运动规律，渔业工人根据这个规律，利用灯光把分散的鱼群诱集成群，根据水温的升降和水色的清浊程度，将网具高低进行适当调整，进行瞄准捕捞。这样就能使淡季变旺季，旺季更加旺。

在淡水渔业中也有：“天热捕流水，天冷打深潭，刮风打风脚，下雪打流水，清水打晚上，浑水打白天，早上捕黎明，晚上捕黄昏”等说法，它阐明了淡水鱼类与天气、季节变化的矛盾运动的规律，根据这些规律，可以采用因时因地制宜的捕捞方法。

总之，很多渔谚都说明了鱼群的活动是受季节、气候、水温等各种因素的影响，而有一定的变化规律，是“有征兆可寻，有端倪可察，有前后现象可供思索”，只要我们认真观察、努力学习，就可以掌握捕鱼的主动权，大力发展渔业生产。

风与航空

没有发明蒸汽机和内燃机以前，船在水上航行，一是靠人力划桨、摇橹，再有是借助风力。在船桅杆上支起帆，一刮风船就走了，风大船便走得快。后来有了内燃机，也有了飞机。当然，飞机在天上飞不是靠风吹，但是风对飞机飞行有极大的影响。飞机顺风，飞得快，也省油，逆风飞行当然飞得慢、费油。侧风可以使飞机偏离航线；高空常有风速很大的区域，飞机飞进去，会给飞行员操作飞机带来困难，甚至会有危险。所以，飞行员要不断了解风向、风速，不断修正飞行路线，避免飞机飞入危险的区域，以确保飞行安全，使飞机准确到达目的地。

飞机在飞行中，如果风速突然减小，或者逆风飞行，风突然消失，飞机就会下降。飞机在低空飞行遇到这种情况，就有坠地的可能，因此风速突然变小时，飞行员必须迅速采取措施，增大飞机的上升力，才能避免坠落地面。

在空难事故中，飞机起降时出现事故的比重很大。这是为什么呢？从气象原因来考察，低空风切变是造成飞机起降事故的罪魁祸首之一。

低空风切变是指低空（常指距地几百米以内）风在水平或垂直方向上的短距离内有突然转变的现象。比如在300米以上是较强的偏西风，而在300米以下为偏东风，这种上下层之间的风向改变称为垂直风切变。又如，在机场上空600米以下为偏北风，而距机场东北1500米以外的同高度则为偏南风，这种水平方向风向的改变叫做水平风切变。

这类低空风切变，可能发生在锋面很陡的锋面附近，也可能出现在雷暴阵风的界面，还可能出现在地面为强烈逆温层而其上有低空急流的区域。

飞机穿越低空风切变界面起降时，往往因飞机空速突变引起升力的巨大变化，从而导致飞行高度的迅速改变。这对于正在起飞或降落的飞机，特别是速度很快的喷气式大型客机的危害非常大。由于是在低空，飞行员往往来不及采取措施，飞机就会出现失速、俯冲，以致造成空难事故。

近年来，一些先进国家，采用了低空风切变警报系统，当发现上下层，或水平方向出现风向相差达到一定数值时，就发出警报，或暂时关闭机场，避免因低空风切变造成飞机起降的事故。

风与建筑工程

一般人很少想到建筑工程与风有什么密切关系，其实土木工程中的各种建设，无论是房屋、道路、桥梁、水坝、堤防、港湾等等，都要承受着来自大自然强风的严酷考验。在1940年，美国华盛顿州的塔科马海峡大桥在未达其设计风速一半的天候条件下（风速18～20米/秒），因桥面主梁断面的空气动力不稳定特性而造成结构溃塌。这一事件引起了研究者对于土木结构与空气互制现象的重视，开始在风洞内进行结构缩尺模型实验，可称为是近代风工程发展的肇因。

风工程泛指风力与空气扩散在土木相关学门方面的应用。一些重要的风工程应用领域包括：自然风场（紊流大气边界层流场）的特性；钝体空气动力学；高层建筑受风行为及耐风设计；桥梁空气动力特性以及桥梁耐风设计；巨型烟囱、高塔、桁架等特殊结构的耐风设计；一般住宅与厂房等低层建筑的抗风设计；高层或大型建筑周围的环境风场；各类型工厂以及区域性的污染源排放与扩散；强风对行车安全的影响；招牌、路标的抗风设计；风浪互制现象；海域平台的风力效应；沙、雪的飘移；建筑物的通风散热，等等。

桥梁受风的动力效应

由于近代桥梁施工方法的进步与高强度材料的研发，再加上悬索支撑桥梁具有地标、美观、大跨径，及降低对周围环境的冲击等优点，使得此型桥梁的数量日益增加。悬索支撑桥梁由 3 种基本构件组成：桥塔、桥面版和缆索。缆索的功能是将加于桥面板的部分力量传递给桥塔，然后再经桥塔传递于基础上。悬索支撑桥梁型式可分为 2 大类，分别是斜拉桥和悬吊桥。

世界著名桥梁

斜拉桥的主跨径约在数百至 1000 米间，当跨径越长所需斜拉缆索越多，导致靠近桥塔的桥面板断面的压力越大，因此斜拉桥最大跨径很难超过 1000 米。而悬吊桥跨径就远大于斜拉桥了，由于悬索支撑桥梁主跨径甚长，为减轻结构的重量，其结构系统趋向采用细长化断面，再配合高拉力钢索及桥塔来传递垂直力。也正因为如此，此型结构系统受风的敏感性，随着跨径的增加而大幅提高。尤其自 1940 年塔科马海峡大桥受风吹袭倒塌以后，长跨径桥梁受风影响的问题逐渐受到重视。

那么，桥梁受风的动力效应是怎样的呢？一般而言，桥梁的气动力效应可分为 5 种：扭转不稳定、涡致颤动、风驰效应、颤振及抖振。

扭转不稳定是属于一种静态式的破坏现象。当桥梁断面受风时，桥面版会产生一个扭转角，而此角度会产生额外的扭力。在某一风速之下，当扭力和扭转角的斜率在某一临界值时，施力在桥面上的扭力会使桥梁结构无法抵抗而产生不稳定的现象。以近代桥梁而言，发生这种扭转不稳定现象的概率比较低。

涡旋是由于气流环绕物体表面，并且由此断面的边界分开所引起的涡旋现象，造成物体上下侧压力的不同，产生振动的现象。通常这种现象对钝体断面（如箱形）影响较为显著。涡致颤动会对桥梁产生周期性振动，一般不会造成桥梁结构的破坏。不过当涡致颤动发生时，对于桥面板及桥塔则会造成很大的影响，且此现象一般发生于较低风速（15 米/秒以下），应注意此效应长期作用下，可能引起的材料疲乏现象。目前并没有确切的理论模式，可以预测桥梁断面的涡流颤动行为，通常以风洞试验配合数值分析来计算颤动的振幅；若此振幅过大，则须修改断面形状或加扰流板，或加调质阻尼器来降低振幅。

风驰效应的原因，来自于结构体垂直向振动速度，与逼近流场的速度合成，造成风向角改变；而风向角的变化造成物体不对称性，引起在垂直向的上升力随之变化。此上升力的变化造成气动力的阻尼现象，造成结构体位移反应加大，进而再改变风向角，如此持续的互相作用，使得位移反应更加剧烈。风驰效应为一种不稳定振动，一般对于细长结构才会产生，特别对于断面型式为矩形，或受冰封的缆索等非流线型结构影响更大。以缆绳为例，为了避免风驰现象，可于缆绳表面作特殊处理或加装阻尼系统，以降低缆绳的振动。

抖振与大气中乱流有关。这是由于逼近乱流的速度扰动，对结构造成的一种不稳定载重，而使结构体产生振动的现象，因为乱流程度随时间和空间改变，故所造成的效应也将沿着车行方向而改变。抖振除与乱流特性有关外，也和桥面板的几何形状及桥梁基本振态有关。桥梁的抖振效应通常不会导致桥体破坏，倘若振幅过大，行车可能感到不适。此外，在长期作用下，桥梁材料可能因此而疲乏。由于桥梁断面都不是单纯几何形状，因此上述气动力效应的检核分析多需通过风洞试验所采集的气动力数据后才能进行。

建筑物的风力效应

地球表面因为接受太阳辐射量的不一致，造成大气温度和压力的不平衡，而空气便会由高气压处流向低压处，因此形成“风”。此外，加上地球的自转、云层的覆盖、雨水的凝结、地形的变化，以及地表附近的温度差异等因素，使得地表的风场结构变化莫测。在距离地表几百米到1000米范围之内，大气的运动受到地表边界的影响，称之为大气边界层。因为人类的活动大多局限于大气边界层之内，故大气边界层与人类的居住环境、生活质量有着密不可分的关系。

地表附近的水平风速会随着高度改变，这是因为接近地面的风场受到地形和地物的影响而风速较小，高空的风速不受阻碍而风速较大，风速分布随高度的增加由小而大，逐渐增强至较均匀的风速分布，这个高度就是边界层的厚度，从数百米到1000米不等，视地表粗糙程度而定。都市地区因建筑物的高度较高，边界层的厚度较大；平坦开阔的地区，边界层的厚度较小。

都市地区中的风场，受到密集排列的建筑物影响，属于非稳态紊流流场，影响参数包括风速、风向、建筑物几何外形、邻近建筑物的相关位置等，是许多因素交互影响而成的复杂流场。在英国与美国，都曾发生行人被建筑物周围的强风吹袭跌倒而受伤的案例，这种影响地表附近行人的风场会直接影响到建筑物的使用，与其周围区域的规划，因此设计建筑物时必须加以注意。

建筑物的迎风面墙承受气流的直接冲击，所受的压力为正向压力，但在建筑物背风面及侧面因为气流加速通过，根据流体力学中的伯努利定理可知，流速大的地方压力小，故建筑物背风面及侧面所受的压力低于大气压力，为负压力，也就是说建筑物表面受到吸力效应。斜顶式建筑物屋顶的风压与屋顶的倾斜角度有关，角度大时，屋顶与迎风面墙相同，压力为正压力；屋顶角度小时，屋顶压力为负压力，房舍的屋顶可能会被掀翻。建筑物的表面如果有门窗、玻璃等易受风力破坏的围护结构，则必须先了解建筑物表面风压的分布，才能预防建筑物的破坏。

风力与建筑物

风力是一种流体（空气）通过阻碍物（建筑结构）所产生的空气动力现象，与阻碍物的几何形状有密切关系。概括来说，物体的形状越是流线，其所受风力越小；只不过，一般的建筑物与桥梁很难具有流线的外形。同样的，对于某些柔度特性明显的建筑物与结构体，会进一步放大建筑结构所受的风力。

对一般的建筑物而言，地震力是主要的设计考虑，但是当结构物的高度需到达一定程度，如高层建筑、巨型烟囱和高塔等，风力的影响就不容忽视，并且逐渐取代地震力，成为主要的水平设计载重。

高层建筑需要考虑的使用功能性，远比一般结构物复杂，在风力的影响上也不例外。一般而言，高层建筑在设计规划时，应列入考虑的风力影响有4项：①高层建筑结构系统所承受的整体风力；②帷幕外墙所受的局部风压；③建筑风摆造成的居住者舒适性问题；④环境微气候，即邻近的地面风场环境所造成的行人舒适性问题。

从高楼结构设计的观点来看，作用于高层建筑上的风力可分为顺风向、横风向与扭转向风力，各个风向的风力又可分为平均风力与扰动风力。顺风向风力主要由风场中的阵风造成，对于基本造型近似矩形柱体的建筑物，大体上可以通过理论与实验数据得到合理的评估。

在建筑设计上，重要的横风向扰动风力主要来自流体通过建筑物时，发生的流体分离与涡散现象所造成的周期性作用力。当建筑物的高宽比与柔度都很大时，在设计风速之内可能会发生结构共振现象，造成过大的振动反应。这个涡散分离现象引发的结构共振，与建筑物的几何造型及结构动力特性有密切关系，目前并无妥善的分析模式可供解析。

风洞实验

对于一般几何造型的建筑物，扭转向风力的影响小于顺风向及横风向风力。由于扭转向风力也是源自流体分离，故亦无分析模式。所幸的是，横风向与扭转向风力对一般高层建筑的影响有限，主要的设计风力仍由顺风向风力控制。

近几十年来，建筑风工程已有长足进步，常见建筑物（近似长方形，高宽比小，高度在数十米）所受的风力多能由风力规范计算得知。虽然近年来计算流体力学（CFD）进步很快，对于航天、汽车、机电方面的应用都有极大贡献，然而，应用于建筑物的复杂风力作用尚需一段时日。现阶段探讨建筑风工程，仍以缩尺模型作风洞物理模拟最为有利。

执行风洞试验时，需妥善考虑缩尺模型与实际高层建筑之间的模拟相似率，唯有如此，风洞缩尺实验结果才能确实应用于原型结构。设计高层建筑的风洞试验，需满足流场以及结构空气动力（或结构空气弹力）的模拟相似性。建筑风工程探讨的是建筑物在强风作用下的结构反应；以风洞进行缩尺模拟时，需要正确模拟：①自然风场特性；②高楼几何特性；③正确的长度缩尺、时间缩尺与速度缩尺；④正确的高楼空气动力效应；⑤对于少数超高层建筑，需正确模拟建筑结构的空气弹力相似性。

风与城市规划

风向、风速对于大气污染物的扩散有着密切的关系。城市中工厂及取暖排出的烟尘及各种有害气体，统称大气污染物。这些污染物是对人体健康有害的。风向决定着空气中污染物的飘移方向；风速的火小则决定着对空气中污染物的稀释程度。风速越大，则污染物容易很快稀释并被吹走，不致造成严重的大气污染；风速小或无风，使污染物长期在一地积聚，就会造成严重的空气污染危害。

所以，在进行城市规划或旧城改造时，需要根据当地的风向风速进行科学的规划。将城市中的工厂区或集中供暖的厂房建在盛行风向的下风一侧，而将文化区、住宅区建在盛行风向的上风一侧。在受山谷风、海（湖）陆风影响的地区，应尽量使山谷风或海（湖）陆风的方向与城市布局相垂直，即工厂区和居住区平行于山谷走向或平行海（湖）沿岸。这样布局，海风与陆风的交替或山风与谷风的交替，不会使污染物影响到居住区。

知识点

狂风吹出的“魔鬼城”

乌尔禾风城，远远看去壮观、雄伟，你会感叹大自然的鬼斧神工，深入到风城之中，你会因它的奇形怪状而心生恐怖，有进入“魔鬼城”之感。

这是由于它地处风口，魔鬼城四季狂风不断，最大风力可达 10～12 级。强劲的西北风给了它魔鬼之“名”，更让它有了魔鬼“形”。千百万年来，由于风雨剥蚀，地面形成深浅不一的沟壑，裸露的石层被狂风雕琢得奇形怪状：有的龇牙咧嘴，状如怪兽；有的危台高耸，垛蝶分明，形似古堡。在起伏的山坡地上，布满着血红、湛蓝、洁白、橙黄的各色石子，宛如魔女遗珠，更增添了几许神秘色彩。

每当风起，飞沙走石，天昏地暗，怪影迷离。如箭的气流在怪石山匠间穿梭回旋，发出尖厉的声音，如狼嗥虎啸，鬼哭狼嚎，若在月光惨淡的夜晚，情形更为恐怖。

风与体育运动

风与短跑运动

现今，100 米短跑的世界纪录在 10 秒以内。若以 100 米成绩为 10 秒计，则在静风时，短跑运动员与空气的相对速度为 10 米/秒，运动员所受的空气阻力约为 28.8 牛顿，即运动员要输出 5% ~8% 的功率来克服阻力。若运动员在 2 米/秒的逆风条件下以原来的速度跑动，则相对风速增大到 12 米/秒，阻力增大到 41.5 牛顿，即运动员要输出 9% ~13% 的功率来克服阻力，显然将会使成绩下降。相反，假若运动员在 3 级（4.4 米/秒）顺风下跑动，相对风速减低为 5.6 米/秒，因而阻力大大减小，只需输出 2% ~3% 的功率来克服阻

短跑比赛

力，因而短跑成绩可以缩短到9.8秒以内。

为了消除不同风向风速的影响，国际《田径竞赛规则》中规定，凡顺风风速超过2米/秒条件下创造的成绩不予承认。这一规定不仅适用于100米、200米短跑，也适用于跨栏、跳远等短距离径赛项目。国际《田径竞赛规则》还规定，全能运动员的单项成绩，凡顺风风速超过4米/秒者，全能纪录不予承认。

风对球类运动的影响

为了避免风、雨等不利气象条件的影响，许多正式的球类比赛项目，除足球和棒球外，大多都移到室内进行。但是我国广泛开展的群众性球类运动，许多都还在露天下进行。这就不得不考虑风对球类运动的影响。

在篮球运动中，顺风、逆风、侧风都会影响投篮的命中率，也会影响传球过大或不到位，甚至造成出界。这时场上的运动员应根据不同的风向风速对自己传球和投篮动作进行必要的修正。

在排球运动中，强力发球是争取场上主动权的关键，而在顺风情况下，发球和扣球常容易出界。在逆风情况下，发近网球常容易落网。这时场上运动员也必须对自己的动作进行修正。

即使在运动馆内进行比赛，馆内虽然风速较小，但也是有风的。这对于小球运动项目如乒乓球、羽毛球运动员的正常发挥也是会有影响的，一些擅长打底线球的羽毛球运动员，由于顺风常会使发球和抽球出界，而擅长打短球的运动员则会因逆风而使球落网。这些都是运动员在临场中需要考虑的因素。

风对登山的影响

平常我们在平地上行走，遇上六七级大风就会感到阻力很大，行路困难。当出现八级以上的大风，就要停止一切高空作业，以免产生事故。可是在青藏高原上，尤其在珠穆朗玛峰地区，经常会出现八九级大风，而登山运动员在极端缺氧的情况下，为什么能顶着八九级大风登上海拔8844米高的珠峰呢？

作用于人体上的阻力就是风压。它不仅与风速有关，还与空气密度有关。在珠峰地区由于海拔高，空气稀薄，这里的空气密度仅相当于平地的1/2左右。如果同样是八九级大风，在珠峰地区的风压仅相当在平地时的1/2左右，即相当于平地上四五级风时的风压，所以登山运动员才能顶着八九级风登山珠峰。

风对投掷铁饼、标枪的影响

在田赛中，一般认为顺风对创造好成绩有利，但是研究表明，投掷铁饼、标枪这两项运动，在适当的逆风条件下往往比顺风条件下更为有利。澳大利亚学者乌格尔的研究认为，当铁饼运动员出手离地面高度为2.1米的情况下，投掷角度为35°时，在5米/秒逆风中投掷成绩为64.6米，而在5米/秒顺风中投掷成绩仅为63.0米。这是因为铁饼的投掷距离与飞行高度有关，在一定的逆风条件下，逆风一方面对铁饼产生阻力，另一方面也使铁饼产生向上的升力。这种升力延长了铁饼在空中的飞行时间，因而能提高成绩。投掷标枪和铁饼相似，逆风可以使标枪飞行弧度增大，飞行距离延长。

因为铅球是球体，没有一个面使其升力增加，逆风只能增加阻力，所以逆风投铅球时成绩将会下降。

风力与电能

风很早就被人们利用，主要是通过风车来抽水、磨面……现在，人们感兴趣的，首先是如何利用风来发电。

风是一种潜力很大的能源，人们也许还记得，18世纪初，横扫英法两国的一次狂暴大风，吹毁了400座风力磨坊、800座房屋、100座教堂、400多条帆船，并有数千人受到伤害，25万株大树连根拔起。仅就拔树一事而论，风在数秒钟内就发出了1000万马力（即750万千瓦；1马力等于0.75千瓦）的功率！有人估计过，地球上可用来发电的风力资源约有100亿千瓦，几乎是现在全世界水力发电量的10倍。目前全世界每年燃烧煤所获得的能量，只有风力在一年内所提供能量的1/3。因此，国内外都很重视利用风力来发电，开发新能源。

利用风力发电的尝试，早在20世纪初就已经开始了。30年代，丹麦、瑞典、前苏联和美国应用航空工业的旋翼技术，成功地研制了一些小型风力发电装置。这种小型风力发电机，广泛在多风的海岛和偏僻的乡村使用，它所获得的电力成本比小型内燃机的发电成本低得多。不过，当时的发电量较低，大都在 5 千瓦以下。

那么，怎样利用风力来发电呢？

我们把风的动能转变成机械能，再把机械能转化为电能，这就是风力发电。风力发电所需要的装置，称作风力发电机组。这种风力发电机组，大体上可分风轮（包括尾舵）、发电机和铁塔三部分。

风轮是把风的动能转变为机械能的重要部件，它由两只（或更多只）螺旋桨形的叶轮组成。当风吹向桨叶时，桨叶上产生气动力驱动风轮转动。桨叶的材料要求强度高、重量轻，目前多用玻璃钢或其他复合材料（如碳纤维）来制造。

由于风轮的转速比较低，而且风力的大小和方向经常变化着，这又使转速不稳定，所以，在带动发电机之前，还必须附加一个把转速提高到发电机额定转速的齿轮变速箱，再加一个调速机构使转速保持稳定，然后再连接到发电机上。为保持风轮始终对准风向以获得最大的功率，还需在风轮的后面装一个类似风向标的尾舵。

风　轮

铁塔是支撑风轮、尾舵和发电机的构架。它一般修建得比较高，为的是获得较大的和较均匀的风力，又要有足够的强度。铁塔高度视地面障碍物对风速影响的情况以及风轮的直径大小而定，一般在 6 ~ 20 米范围内。

发电机的作用，是把由风轮得到的恒定转速，通过升速传递给发电机构均匀运转，因而把机械能转变为电能。

多大的风力才可以发电呢？

一般说来，3 级风就有利用的价值。但从经济合理的角度出发，风速大于 4 米/秒才适宜于发电。据测定，一台 55 千瓦的风力发电机组，当风速为 9.5

米/秒时，机组的输出功率为55千瓦；当风速8米/秒时，功率为38千瓦；风速为6米/秒时，只有16千瓦；而风速为5米/秒时，仅为9.5千瓦。可见风力越大，经济效益也越大。

在我国，现在已有不少成功的中、小型风力发电装置在运转。

我国的风力资源极为丰富，绝大多数地区的平均风速都在3米/秒以上，特别是东北、西北、西南高原和沿海岛屿，平均风速更大；有的地方，一年1/3以上的时间都是大风天。在这些地区，发展风力发电是很有前途的。

风是没有公害的能源之一。而且它取之不尽，用之不竭。对于缺水、缺燃料和交通不便的沿海岛屿、草原牧区、山区和高原地带，因地制宜地利用风力发电，非常适合，大有可为。

雨与农业

俗话说："水是命，肥是劲。"庄稼离开了水就无法生长。适时适量的雨水是庄稼生长必不可少的条件，特别是在一些水利条件还比较差，主要靠自然降水来灌溉的地区，降水的多寡与农业的丰歉更是有着直接的关系。

长期无雨或少雨，致使土地水分条件不能满足庄稼生长发育的正常需要，这便造成干旱。相反，如果一地长时期过量地降水，水分条件超过庄稼的正常需要量就会形成沥涝；如果降水集中，来势猛烈，则往往造成山洪暴发，河水陡涨，这便是洪涝。暴雨除了易形成洪涝外，还会造成水土流失，使大片的土地被冲刷、切割得支离破碎，大量肥沃的土壤被冲走，使土地变得贫瘠。急骤的大雨滴下在地里，打碎了土壤的团粒，造成土壤板结，妨碍幼苗出土，加快了土壤表面的蒸发，影响雨水往下渗透。当农作物正在开花时，暴雨能够打落花朵，使不实率增加。作物的根系往往由于暴雨的冲刷而暴露在外，直接危害其正常生长。在连续的阴雨天气里，农作物的生长期与成熟期会因此而延迟。有时由于土壤空隙被水充满，作物则会因为缺氧而引起死亡。

渔业、畜牧业生产与降水的关系也很密切。一般海洋生物对海水盐分的浓度都有一定的适应范围。如果盐分浓度有了改变，则海洋生物的活动习性也会改变，这就直接影响到鱼类的捕捞和养殖，而海水的含盐度则是随降水量的多少而变化的，所以在渔汛期间，降水量的多寡直接影响到捕捞的产量。

淡水养殖

淡水养殖和降水的关系那就更密切了。江河、湖泊、水库、稻田等淡水养鱼的场所，如果降水过多，水流加强，不仅造成严重逃鱼，同时浮游生物也会大量流走，使鱼类的饵料减少，影响鱼的繁殖生长。但如降水过少，养鱼的水面缩小，水位降低，水温升高，也会影响鱼类的生长。久旱无雨，池塘、稻田干涸，会给淡水养鱼带来更大的影响。

畜牧业主要是靠天然草原进行放牧，严格地受着气候和天气条件的影响。无论是放牧还是牧草的生长、收割、贮存都与降水有密切关系。在夏季不应选择突出的孤山放牧，以免畜群受雷击和冰雹的危害；冬季暴风雪（白毛风）的袭击，易使牲畜跑散冻伤，如在洼地、谷地则容易被雪埋住。在积雪过深的地方，牧草被覆盖，牲畜就无草可吃；而根本没有积雪的地方则会造成饮水困难。牧草的生长与降水的多少直接有关。降水过多，牧草的根部容易腐烂；降水过少，牧草则因缺水而往往枯死。牧草的收割、贮存也要考虑降水情况，如受雨淋就会变质霉烂，不仅影响质量，而且无法长时间贮存。养猪也是和降水有密切关系的。长时间的阴雨低温，空气和猪圈（栏）都很潮湿，猪的发病率就高，所以南方有的地方有“梅雨纷纷落，仔猪病疫多”的谚语。

畜牧业

雨与工业

工业生产虽然基本上是在室内条件下进行的，但绝不是说它和降水现象就没有多大关系。相反，有些部门和降水的密切关系并不亚于农业。例如：水利工程的设计，就需要详细的降水资料。设计水库容量的大小，以及水坝的高度等，都要考虑这个地区或流域的降水量、径流量。特别是暴雨的强度和时间等资料更是不可缺少。如果考虑不周，就会产生不堪设想的严重后果。此外，许多大型水利工程往往都是与电站配套的。因此，降水量的多少，水库水位的高低，还会使电站的发电能力受到影响。

城市建设

城市建筑和降水的关系也很密切，城市建设特别是排水管道和屋顶坡度的设计，必须考虑这个地区降水强度的大小和降水日数的多少。如果考虑不周，雨水不能及时排泄，市区就会形成积水，甚至冲毁房屋、物资；污水长期积存，既严重影响环境卫生，还会引起疾病流行。设计屋顶结构，特别是大跨度的结构，要考虑当地的最大积雪深度，计算屋顶所能承受积雪的重量。在东北、内蒙古等地，常有暴风雪，在设计工厂厂房天窗的方向时，天窗的方向应与经常出现的暴风雪的方向平行，不能正对着暴风雪的来向，否则大量积雪会把天窗堵住，影响厂房的通风。

设计通讯、输电线路要考虑当地的雷雨和冻雨的资料，尽量使线路从不常受雷击和出现冻雨的地方通过。暴雨常造成山洪暴发，江河泛滥，甚至冲毁公路、铁路路基和桥梁、涵洞，使铁路、公路交通中断。暴雨对飞机、轮船的航行也有很大影响。严重的冻雨会使公路路面和铁轨变得特别滑，这也会使公路、铁路交通暂时停顿。长期下雨对物资特别是粮食的储运也是不利的。粮食往往受潮变质而霉烂，在晒运过程中如遇暴雨则会造成很大损失。

降水是对海盐生产影响最大的自然因素。海盐生产全部是露天操作，长时间的连续降水，几乎会使海盐生产陷于停顿状态；来势急骤的阵性降水，不仅会把卤水冲淡，趋于淌化，甚至还能打坏池面、沟道，致使雨后要用大量的劳力、时间去修复。

雨与国防

降水与国防同样有密切的关系。

暴雨、大雨和长时间的连续性降水，会严重地影响到部队的快速、机动和后勤运输保证工作，使部队（特别是机械化部队）行动困难。

降水会使空中能见度显著降低。下大雪时，能见度会降到500米以下，这时飞机就变成了“近视眼”，飞行和进行空中照相、侦察、搜索目标、轰炸等军事活动都有很大的困难。雨水降在跑道上，使飞机起落的滑跑距离增长，影响起飞、着陆安全。雷击、冰雹对飞机的安全威胁更大。

飞　机

降水对海军的活动也有影响。如果能掌握准确的预报，降水现象往往可以起到掩护舰艇，突然发起进攻或安全转移的作用。

在使用核子、化学、生物武器方面，降水也是影响其使用效果的一个重要因素。由于雨滴的吸收和散射作用，降水能减弱原子弹的光辐射和贯穿辐射的杀伤力。同时，降水还能减弱空气中的放射性污染程度；但是带有放射性物质的雨水落在地面后，也会增加地面的污染程度。地面有积雪时，由于雪面的反射能力强，往往增强了光辐射的杀伤力。某些毒剂遇水能发生分解而使毒性降低；雨滴把毒剂吸收后降到地面上，空气中的染毒程度降低了，但地面的染毒程度却会增加。下雨时，雨水能把地面染毒物上的毒剂冲洗掉，从而减轻地面或物体的染毒程度，但是含有毒剂的雨水外流后也会扩大染毒的范围，这是防护时需要引起注意的。降水对生物武器的影响基本与此相同。

气象条件是客观存在的，但它对军事活动所产生的影响，却往往因人们主观处置是否得当而有不同的结果。所以，历来的军事家都是重视研究和运用气象条件的，在《孙子兵法》一书中，就把“天时”（气象条件）作为取胜五要素之一，并说：“知之者胜，不知者不胜。”

知识点

放射性污染

在自然界和人工生产的元素中，有一些能自动发生衰变，并放射出肉眼看不见的射线。这些元素统称为放射性元素或放射性物质。在自然状态下，来自宇宙的射线和地球环境本身的放射性元素一般不会给生物带来危害。20世纪50年代以来，人的活动使得人工辐射和人工放射性物质大大增加，环境中的射线强度随之增强，从而产生了放射性污染。放射性污染很难消除，射线强弱只能随时间的推移而减弱。

放射性对生物的危害是十分严重的。放射性损伤有急性损伤和慢性损伤。如果人在短时间内受到大剂量的X射线、γ射线和中子的全身照射，就会产生急性损伤。轻者有脱毛、感染等症状。当剂量更大时，出现腹泻、呕吐等肠胃损伤。在极高的剂量照射下，发生中枢神经损伤直至死亡。

雨水收集与利用

“所有的水都是雨水”，这是美国雨水收集利用专家理查德·海尼经常说的一句话。在我们生活的地球上，不论是地下储水层的水，还是江河里的水，最早都是从天上掉下来的。当雨水落到地面，透过土壤、石层渗灌到地下储水层，带上了矿物质和盐等有益于人类健康的物质。最关键的是，地下水硬度一般偏高，而回用雨水可以节省地下水处理中使用的软水材料，还可在洗涤时节省肥皂、洗涤剂等。因此，对雨水的科学收集、合理储存及节能使用是节能减排的一个有效途径，是充分发挥雨水利用价值的有效保障。

城市雨水收集

我国城市雨水利用起步较晚，目前主要在缺水地区有一些小型、局部的非标准性应用。在国外，德国和日本等一些发达国家，城市雨水的资源化和雨水的收集利用已有较长的历史。其经验和方法，对我国大部分城市特别是对那些严重缺水的城市很有借鉴意义。

德国的城市雨水收集方法主要有 3 种：①屋面雨水集蓄系统，集下来的雨水主要用于家庭、公共场所和企业的非饮用水。②雨水截污与渗透系统。道路雨水通过下水道排入沿途大型蓄水池或通过渗透补充地下水。德国城市街道雨水管道口均设有截污挂篮，以拦截雨水径流携带的污染物。③生态小区雨水利用系统。小区沿着排水道建有渗透浅沟，表面植有草皮，供雨水径流流过时下渗。超过渗透能力的雨水则进入雨水池或人工湿地，作为水景或继续下渗。

常见的雨水收集利用技术可分为 3 个部分：雨水的收集、雨水的处理和雨水的供应。

雨水的收集

广义的范围内，包括了大型水库的建设、河川径流的取用等。雨水收集的方式有许多种形式，例如屋顶集水、地面径流集水、截水网等。其收集效率会随着收集面材质、气象条件（日照、温湿度等）以及降雨时间的长短等因素而有所差异。通常的这种雨水收集往往是泥沙俱下，给雨水的后续处理带来很大地压力。

雨水的处理

雨水收集后的处理过程，与一般的水处理过程相似，唯一不同的是雨水的水质明显比一般回收的中水水质好。试验研究显示，雨水 pH 值较低（平均约在 6.5），初期降雨所带入的收集面污染物或泥沙，是雨水处理所面临的最大问题。而一般的污染物（如树叶等）可经由筛网筛除，泥沙则可经由沉淀及过滤的处理过程加以去除。

屋顶集水一般以下述程序来处理所收集的雨水：

集水→筛选→沉淀→砂滤→停留槽→消毒（视情况而定）→处理水槽（供水槽）

雨水的处理设备包括有筛网槽以及两个沉淀槽。沉淀槽下方则设有清洗排泥管，用来方便槽底淤泥的清洗排除，维持沉淀槽的循环使用。

这种技术虽然能把收集的雨水进行有效处理，但首次投入成本高，运行成本更高，不符合节能减排的发展方向。

雨水的供应

雨水的使用，除了可以作为街厕冲洗用水外，也可作为其他用水，如空调冷却水、消防用水、洗车用水、花草浇灌、景观用水、道路清洗等；此外，也可以经处理消毒后供人畜饮用。通常这些雨水的用途还未真正发挥雨水的利用价值。

一种新型的雨水收集利用技术

雨水作为一种极有价值的水资源，早已引起德国、日本等国家的重视。国际雨水收集利用协会自成立以来，不断地促进国际间的交流与合作，两年一度的交流大会使各国之间的雨水利用技术和信息能够很快地传播。网络技术的发展也为雨水利用技术的国际化提供了很好的平台。其中，发展较快的是德国和日本等国家。德国雨水利用技术已经从第二代向第三代过渡，其“第三代”雨水利用技术的特征就是设备的集成化，各项雨水利用技术已达到了世界领先水平。

在第十届国际雨水利用大会上代表们就表明，今后城市雨水利用技术发展的一个突出特点就是它的国际化与集成化。各国的雨水利用技术发展的程度因重视程度不同而参差不齐。成熟的雨水利用技术从屋面雨水的收集、截污、储存、过滤、渗透、提升、回用到控制都有一系列的定型产品和组装式成套设备。

雷电与建筑

我们知道：雷电是发生在大气中的一种放电现象，具有高电压、大电流、强电磁辐射的特征。传统的防雷技术是在高大的建筑物楼顶或其附近，安装防直击雷的防护装置。这种防雷装置是由接闪器、引下线和接地体三部分组成。安装这种防护装置的目的是将强大的雷电电流，按照设计的通道泄放到大地。也就是由设在建筑物顶端的接闪器拦截雷电电流，之后通过导电通畅的引下线，引导到电阻值很小的接地体泄入到大地。这是属于防直击雷的措施，一般我们称之为外部防雷。

当雷击发生时，建筑物的外部防雷装置确实有效地防御了雷击对建筑物结构的破坏，防止和减少了火灾和人身伤亡。但它并不能保护建筑物内的电气系统和电子系统免遭雷击，因为：①当雷电流快速泄放到大地的同时，在空中就会产生一个强大的变化磁场，处在这个强力变化磁场作用范围内的所有电气和电子系统的线路和设备，都会因为切割了磁场的磁力线而感应产生出电涌电流，轻则会产生误动作，重则会造成设备损坏。②雷击发生时雷电流可能击中架空的电力线或通信线，也可能击在这些金属线缆附近而感应出电涌电流。这些电涌电流会沿着金属线缆进入电气和电子系统，造成破坏。

我们把上述通过感应磁场的效应即“场”的作用，以及通过线路雷电流侵入即“路”的作用统称为雷击电磁脉冲，也有的称为二次雷击。这种二次雷击的破坏，不像直击雷那样伴随着强烈的电闪雷鸣，而是在人们看不见的感应磁场中发生的。由此可见，雷击电磁脉冲的破坏作用是悄然发生，不易察觉，但后果远比直击雷严重得多。防御雷击电磁脉冲的技术可称为“内部防雷”。外部防雷与内部防雷共同组成了系统的综合防雷体系。

另外，雷击发生时建筑物的避雷装置在防止直击雷过程中，强大的雷电流经过引下线和接地体泄入大地。与此同时，可向附近的各种接地导体闪络电弧，电压可高达数万伏以上，会向建筑物内对包括机房内各类接地的机器设备和电子设备；自来水管道、暖气管道、煤气管道等各类金属管线；接地的金属门窗甚至人，发生闪络现象，至使设备和人员受到侵害。所以在设计系统综合防雷工程时，对上述问题均要一并予以考虑。

雷电对航空的威胁

航空航天已成为现代化的标志性产业之一，雷电会对它们构成威胁吗？自从航天事业诞生以来，谁也没有对此进行过深入的研究，导致人们重视这个问题的是一次宇航意外事故。

“阿波罗 12 号”

1969 年 11 月 14 日，“阿波罗 12 号”宇宙飞船从肯尼迪航天中心发射升空。当天，发射场周围天气晴好，没有自然雷电。可是，由于 110 米长的火箭和它排出的约 500 米长的羽烟都是导电物，竟然在云中 2 次触发了闪电。雷击火箭，造成3 个燃料电池被击坏，结果导致一系列不正常现象。幸亏宇航员及时启用备用设备，迅速排除了故障，从而保证了火箭按预定程序飞行，顺利登月。火箭发射竟会触发雷电，这一意外事故促使美国国家宇航局开始高度重视雷电对航天活动的影响。嗣后的发展证明，仅“阿波罗”系列的登月火箭，就先后发生过 7 次雷击事故。

最严重的一次是 1987 年 3 月 26 日，从卡纳维拉尔角发射的“大力神”火箭，因被雷电火花击穿前锥部而失控，地面指挥部不得不用无线电指令引爆火箭及其携带的卫星，全部损失高达 1.7 亿美元。

飞机遭雷击更是“家常便饭”。据美国联邦航空局（FAA）调查，喷气式民航机每 5000 ~ 10000 小时飞行中，平均会遭 1 次雷击。1987 年 1 月，当时的美国国防部长温伯格的座机飞抵华盛顿附近的空军基地上空时，闪电击中了飞机上的天线罩，幸好别的设备没有损坏，否则他的性命就难保了。闪电对飞机的最大威胁是造成飞机上的电子设备损坏或失控，还有就是点燃了飞机的燃料系统，造成起火爆炸。

最奇怪的一次事故发生在1984年6月上旬的某一天，日本警视厅科研人员在进行有线制导的“马特”反坦克导弹实弹射击时，有一枚导弹在接近1.5千米处的靶子之前，因进入云层被雷电击中，导弹当场落地坠毁，隐蔽在地下室的5名操作人员被沿着导线传播的由雷电引起的高压脉冲击倒，全都受到不同程度的烧伤。

雷电对通信的影响

微波站已成为现代通信网络中的骨干部分，可是由于微波站大多建在山头塔顶（使微波波束可以传输得更远），自然成为雷击的对象，因此而造成的损失也是巨大的。例如，我国某微波干线所属安徽蚌埠地区的2个微波站，于1993年3月7日和10日先后3次遭雷击，不仅击坏了大量交直流电源设备，而且造成该干线中断通信4个多小时。

发电与电力传输业中的防雷是个老问题，可是，20世纪70年代以后这个老问题却出现了新情况。电力系统为了适应现代社会对电力供应的巨大需求，在电力传输调度中，普遍采用微波通信网络和微机自动化系统。这些微波站自然成为雷击的对象。例如，1989年夏季，华中电网的武（汉）、长（沙）、衡（阳）微波干线15个微波站中的12个，先后遭受雷击，不仅设备损坏，通信线路也中断26小时，损失很大。

微波站

雷电还祸及正在听收音机、看电视的人们。1994年8月9日晚，辽宁省新民市周坨子乡的王某等4名妇女围在屋内炕上看电视，晚9点左右天开始下雷雨，不一会儿忽见电视机内冒烟，声像皆消失，室内1人倒在炕上，其他3人被抛到地上，皆失去知觉。约10分钟过后，4人相继苏醒，但都说不清10分钟以前所发生的事。

电话通信也难逃遭雷击的厄运。1992年4月27日，南昌市下雷雨，江西医科大学120门程控电话、江西财经干部管理学院的200门程控电话全部毁于雷击。1992年5月1日，在长沙的湖南广播电视大学的200门程控电话、6台大型计算机、多台彩色电视机都毁于感应雷，损失高达100多万元。

研究和测报雷电的气象部门也难逃雷电的袭击。1992年6月20日20点05分，北京的中央气象局气象中心大楼落雷，避雷装置和建筑物都完好，但局里的大型计算机和局部网络中断，6条北京同步通信线路和1条国际同步通信线路被击断，计算机系统的工作中断46小时，不仅经济损失达数十万元，第二天的中央电视台气象预报也成为空白，其影响很大。

知识点

微波通信

微波通信是使用波长在0.1毫米至1米之间的电磁波——微波进行的通信。微波通信不需要固体介质，当两点间直线距离内无障碍时就可以使用微波传送。利用微波进行通信具有容量大、质量好并可传至很远的距离的优点，因此是国家通信网的一种重要通信手段，也普遍适用于各种专用通信网。

微波通信具有良好的抗灾性能，对水灾、风灾以及地震等自然灾害，微波通信一般都不受影响。但微波经空中传送，易受干扰，在同一微波电路上不能使用相同频率于同一方向，因此微波电路必须在无线电管理部门的严格管理之下进行建设。此外由于微波直线传播的特性，在电波波束方向上，不能有高楼阻挡，因此城市规划部门要考虑城市空间微波通道的规划，使之不受高楼的阻隔而影响通信。

雷电对计算机网络系统的影响

目前，随着我国信息化建设进程的加快，计算机网络信息系统正扮演着愈来愈重要的角色，每年都有多起因雷击造成计算机及网络通讯设施损坏，从而导致信息传输中断、信息受损乃至威胁人身安全的事故发生。

雷电侵害计算机网络有 2 种方式：直击雷侵害和感应雷侵害。雷电直接击中设备所在建筑物或设备连接线路并经过网络设备入地的雷击过电流称为直击雷；由雷电电流产生的强大电磁场经导体感应出的过电压、过电流所形成的雷击称为感应雷。感应雷一般由电磁感应产生，通过电力线路、信号馈线感应雷电压入侵计算机网络系统，从而造成网络系统设备的大面积损坏。

一般情况下，网络设备受到建筑物防雷设施防直击雷的保护，遭受直击雷的可能性相对较小，而遭受感应雷的概率则较高，因而计算机网络系统考虑更多的是感应雷及雷电波入侵的防护问题。通过对电源线路和通信线路等潜在雷电入侵隐患加装电涌保护器，来阻止或减轻雷电对网络系统的冲击。

由于雷电产生了强大的过电压、过电流，无法一次性在瞬间完成泄流和限压，所以电源系统必须采取多级的防雷保护。重要场合宜采取更多级的保护措施，通过使用多级电源防雷设施，彻底泄放雷电过电流、限制过电压，从而尽可能地防止雷电通过电力线路窜入计算机网络系统，损害系统设备。

现代建筑物内的信息网络不再是一个信息孤岛，它必须是一个互联互通的开放性网络，来满足人们信息交换的需求。在几种通信方式中，除光纤介质外，其他介质都可能因遭受直接雷或感应雷而侵害两端连接的网络系统。为了避免因通信电缆引入雷电侵害的可能性，通常采用的技术是在电缆接入网络通信设备前首先接入信号避雷器，即在链路中串入一个瞬态过电压保护器，它可以防护电子设备遭受雷电闪击及其他干扰造成的传导电涌过电压，阻断过电压及雷电波的侵入，尽可能降低雷电对系统设备的冲击。

计算机网络系统的核心设备都放置在计算机机房内，因而对机房提出了较高的环境要求，良好的接地系统是保证机房计算机及网络设备安全运行以及工作人员人身安全的重要措施。

雷电与化肥

随着科学技术的迅速发展，雷电这一自然现象已基本上被人们了解。但是我们应当在了解雷电的基础上，做到控制雷电并使之为人类服务。怎样才能利用雷电呢？

一提起利用雷电，我们就会联想到打雷下雨时雷声隆隆、电光闪闪的壮观景象。大家一定会认为闪电可以释放出大量的能量，并企图利用闪电的能量。但是，利用闪电的能量有一个困难，就是闪电不能按人们的希望在一定的时刻发生。换句话说，就是闪电不易控制。另外，虽然闪电是最常见的自然现象，但是据统计，每年在每平方千米面积上平均只有一两次闪电。雷雨云单体的尺度为 1～10 千米，所以各次闪电都隔着很大的距离。有人测量并统计过，在强雷雨时，闪电之间的平均距离是 2.4 千米。在弱雷雨时，闪电之间的平均距离是 3.7 千米。

如果竖立一根很高的铁杆引雷，雷击的次数要多些，但是闪电击中铁杆的次数仍不很多。有人统计过，在一个雷雨季节，雷电击中高 400～800 米的避雷针的次数也不过 20 次。

很早就有人做过利用闪电制造化肥，肥沃土地的实验。我们知道，氮和氧是空气的主要成分。氮是一种惰性气体，在平常的温度下，它不易与氧化合，但是当温度很高时，它们就能化合成二氧化氮。

如果我们有兴趣，可以做一个简单的实验：

用一个封闭的玻璃瓶，里面充满空气并插上电极。通电时，电极间就有耀眼的火花闪耀。火花之中，慢慢地有黄色的氮气燃烧的火焰出现。过一会儿，原来无色的空气会变成红棕色，把瓶子打开，迎面就有一股令人窒息的气味，这就是二氧化氮。如果往瓶子里倒些水，摇晃几下，红棕色的气体马上消失，二氧化氮溶解于水变成硝酸。

自然界的闪电火花有几千米长，温度很高，一定有不少氮和氧化合生成二氧化氮。闪电时生成的二氧化氮溶解在雨水里变成浓度很低的硝酸。它一落到土壤中，马上和其他物质化合，变成硝石。硝石是很好的化肥。有人计算过，每年每平方千米的土地上有 100～1000 克闪电形成的化肥进入土壤。

人工闪电制肥实验的做法有很多，这里只举一个例子。有人在田野里竖立 3 根杆子（制肥器），一般是木杆，杆高约 20 米，杆距 120 米，杆子顶部装有金属接闪器，用金属导线从接闪器一直引到地下埋入土中。建立后，曾进行了 2 次雷击实验。在每次雷击后对实验地段附近地区的雨水及土壤进行化学分析，测量其中硝酸态氮含量的增减。第一次雷击强度较小，比较明显的范围半径约 15 米，有效面积约 1 亩。经过土壤分析，结果是约增氮 0.9～1 千克，相当于硫酸铵 4.7～5 千克/亩。第二次雷雨强度较大，以实验地点为中心50米半径范围内，平均每亩增加2.7千克，相当于硫酸铵13.55千克。

从以上实验可以看到，雷电确实起到了把空气里的氮“固定”到土壤里去的作用。更有趣的是，有人为了验证人工闪电制肥实验的效果，在实验室里用人工闪电做了实验。结果，经过闪电处理的豌豆比未处理的提早分枝，分枝数目也有增加，开花期也提早10天左右；处理过的玉米抽穗提早了7天；处理过的白菜增产15%～20%。

虽然这些数字只是从次数不多的试验中分析化验的结果，但是可以直观地说明，闪电可以增加土壤里的氮肥，对农作物的生长有一定好处。

知识点

氮在植物生长中的作用

氮是植物体内许多重要有机化合物的成分，在多方面影响着植物的代谢过程和生长发育。氮是蛋白质的主要成分，是植物细胞原生质组成中的基本物质，也是植物生命活动的基础。氮是叶绿素的组成成分，又是核酸的组成成分，植物体内各种生物酶也含有氮。此外，氮还是一些维生素（如维生素B_1、B_2、B_6等）和生物碱（如烟碱、茶碱）的成分。由于土壤中氮的供应不足，所以我们常需施氮肥，尤其随着高产、优质工程的进行，我们更应注意氮肥的施用。

风雨雷电与军事

降雨（融雪）、洪水、洪灾三者既有内在联系又有本质差别。降雨（融雪）不等于洪水，必须在一定流域下垫面和水系情况下才能造成洪水。洪水也不等于洪灾，造成洪灾有多方面原因。因此水文气象预报力图将大气环流等气象条件与水文特征紧密联系起来，把降雨的天气模型与洪水模型结合起来。

一般在进行降雨预报的同时，还根据河流流域地貌、流域水分状况、水利工程质量和标准，以及降雨和径流的关系等因素，针对防洪要求作出未来暴雨、洪水可能发生地区的预报；鉴别和判断流域发生非常洪水的可能性；洪水发生后，预测洪水发展趋势，以及库区来水预报等。

为了提高暴雨落区、落点、落时预报的精度，已发展一种以气象卫星、气象雷达、常规气象观测资料相结合的暴雨监视和短时预报，预报时效为几小时到十几小时，预报精度较高。它有可能将降雨预报和洪水预报完全结合起来，从而延长洪水预报时效并提高洪水预报精度。

最大降水量估算是指特定流域范围内，一定历时可能的理论最大降水量。这种降水量对于大型水利枢纽的设计运用是十分重要的。一般这些工程要采用最大可能洪水作为保坝标准，推求可能最大洪水的方法之一，就是先确定可能最大降水。

在干旱和半干旱地区，由于降水稀少，可能蒸发率大大超过供水能力，流域的年总蒸发接近或等于年降水量。湿润地区，流域总蒸发和本区的水面蒸发接近或相等。半湿润地区的陆面蒸发介于上述两种情况之间，即受供水条件或可能蒸发的控制。就海洋和大陆而言，海洋上的蒸发量大于降水量，大陆上的蒸发量小于降水量，因此必须有海洋向大陆的水分输送。

中国海军舰队

军事气象学是根据战争的需要，在军事学和其他科学技术的基础上逐步形成和发展起来的。基于气象条件对各军兵种和武器装备使用的影响不同，军事气象学的研究逐步扩大到海军、空军、炮兵、导弹、化学武器、生物武器和核武器等领域，并开展了军事气候和用于军事目的的人工影响天气方面的研究工作。

海军舰艇部队领域的军事气象源于航海气象，主要研究气象条件对舰艇航行、作战和训练的影响，舰艇防范或规避航危天气，以及对舰艇部队实施气象保障的方法等。影响海军舰艇航行和作战的主要气象因素是风、海雾、风浪等。

航空兵领域的军事气象，主要研究气象条件对飞机飞行、作战和训练的影响，以及对航空兵部队实施气象保障的方法。对航空兵行动影响较大的气象因素是风、云、大气能见度（雾、降水和其他视程障碍现象）、雷暴铅直气流等。

炮兵领域的军事气象主要研究气象条件对火炮射弹飞行、命中精度和声测侦察的影响，以及对炮兵射击诸元进行气象条件修正和对炮兵部队实施气象保障的方法。气象条件对射弹飞行和命中精度的影响，主要是通过改变作用在射弹上的空气动力和空气动力矩，并进而改变其弹道诸元（速度、弹道系数和弹道倾角）来实现的。主要影响要素是风、气温、气压等。

导　弹

导弹气象主要研究气象条件对导弹发射、飞行、命中精度、制导和生存能力的影响。由大风造成的侧向风载荷，可使竖立在发射台上的导弹产生弯矩和翻转力矩，甚至翻倒，阵风还可引起导弹摆动；发射场周围一定范围内出现的闪电，常常可引起泄漏或外溢的氢化推进剂燃烧或爆炸，有时甚至可击毁导弹和地面设备；与对炮弹的影响类似，风、空气密度、铅直气流和大气湍流都影响导弹（主要是再入大气段）的飞行和命中精度；云、雾、降水等视程障碍现象妨碍天文导航。

一些国家十分重视把人工影响天气用于军事目的，其军事设想包括：为己方的军事行动创造有利的气象条件；为敌方军事行动和后方国民经济制造困难的气象条件；直接以改变了的大气条件为武器，杀伤破坏对方的有生力量和技术兵器。已试用的主要手段有人工消云、人工消雾和人工降水等。

风雨雷电的危害与防控

台风、龙卷风、暴雨、酸雨，有时还有雷电，这些灾害性气象会对农作物生长、工业生产、建筑设施甚至人们的生命财产造成极大的危害。了解风雨雷电的危害并掌握一些预防治理措施，显然是十分必要的。

利用先进的科学技术，现在我们可以人为地影响局部天气，台风肆虐狂暴，但是我们可以人工削弱台风将它变得“温和”一点；暴雨袭来，淹城灌乡，但是我们可以实施人工消雨，让其无法形成足够大的雨滴，“憋着不下”；天气干旱，我们可以实施人工降雨从而减缓旱情。

对于这些灾害性天气，我们称为“天”灾、“自然”灾害，其实这种灾害的出现与人类的活动造成大气污染，破坏了生态平衡也有关系。比如酸雨的形成，与人类大量使用煤炭和天然气将二氧化硫排放到空气中关系极大。因此，每一次灾害性天气的发生，都是“上天”在向我们人类发出警告：要节约能源、降低能源消耗、减少污染物排放，维护大气环境！

台 风

台风是产生于热带洋面上的一种强烈热带气旋和热带风暴。只是随着发生地点不同，叫法不同。印度洋和在北太平洋西部、国际日期变更线以西，包括南中国海范围内发生的热带气旋称为“台风”；而在大西洋或北太平洋东部的热带气旋则称“飓风”。也就是说，台风在欧洲、北美一带称“飓风”，在东亚、东南亚一带称为“台风”；在孟加拉湾地区被称作“气旋性风暴”；在南半球则称“气旋”。

台风经过时常伴随着大风和暴雨或特大暴雨等强对流天气。风向在北半球地区呈逆时针方向旋转（在南半球则为顺时针方向）。在气象图上，台风的等压线和等温线近似为一组同心圆。台风中心为低压中心，以气流的垂直运动为主，风平浪静，天气晴朗；台风眼附近为漩涡风雨区，风大雨大。

有史以来强度最高、中心附近气压值最低的台风，是超强台风泰培（英语：Typhoon Tip），日本 1979 年的大范围洪灾就是由这个台风造成的。

台风的形成

热带海面受太阳直射而使海水温度升高，海水蒸发成水汽升空，而周围的较冷空气流入补充，然后再上升，如此循环，终必使整个气流不断扩大而形成“风”。由于海面之广阔，气流循环不断加大，直径乃至有数千米。由于地球由西向东高速自转，致使气流柱和地球表面产生摩擦，由于越接近赤道摩擦力越强，这就引导气流柱逆时针旋转（南半球系顺时针旋转），由于地球自转的速度快而气流柱跟不上地球自转的速度而形成感觉上的西行，这就形成我们现在说的台风和台风路径。台风的中心就在我们目前看到的风向成“丁”字形的位置，根据风向和风速就不难判断出台风中心的距离和走向了。当近地面最大风速到达或超过 17. 2 米/秒时，我们就称它为台风。

在海洋面温度超过 26℃以上的热带或副热带海洋上，由于近洋面气温高，大量空气膨胀上升，使近洋面气压降低，外围空气源源不断地补充流入上升去。受地转偏向力的影响，流入的空气旋转起来。而上升空气膨胀变冷，其中的水汽冷却凝结形成水滴时，要放出热量，又促使低层空气不断上升。这样近洋面气压下降得更低，空气旋转得更加猛烈，最后形成了台风。

台风是发生在热带大洋上的一种强气旋性涡旋，总伴有狂风暴雨。在热带洋面上生成发展的低气压系统称为热带气旋。根据中心附近的最大风力分级，12 级以上通称台风。强烈的热带气旋伴有狂风暴雨、掀起巨浪、引发风暴潮。

台风形成的条件

（1）要有广阔的高温、高湿的大气。热带洋面上的底层大气的温度和湿度主要决定于海面水温，台风只能形成于海温高于 26～27℃的暖洋面上，而且在 60 米深度内的海水水温都要高于 26～27℃。

（2）要有低层大气向中心辐合、高层向外扩散的初始扰动。而且高层辐散必须超过低层辐合，才能维持足够的上升气流，低层扰动才能不断加强。

（3）垂直方向风速不能相差太大，上下层空气相对运动很小，才能使初始扰动中水汽凝结所释放的潜热能集中保存在台风眼区的空气柱中，形成并加强台风暖中心结构。

（4）要有足够大的地转偏向力作用，地球自转作用有利于气旋性涡旋的生成。地转偏向力在赤道附近接近于零，向南北两极增大，台风基本发生在大约离赤道 5 个纬度以上的洋面上。

台风路径

台风路径大致可分为 3 类：

（1）西进型：台风自菲律宾以东一直向西移动，经过南海最后在中国海南岛或越南北部地区登陆。

（2）登陆型：台风向西北方向移动，穿过台湾海峡，在中国广东、福建、浙江沿海登陆，并逐渐减弱为低气压。这类台风对中国的影响最大。

（3）抛物线型：台风先向西北方向移动，当接近中国东部沿海地区时，不登陆而转向东北，向日本附近转去，路径呈抛物线形状。

台风形成后，一般会移出源地并经过发展、减弱和消亡的演变过程。一个发展成熟的台风，圆形涡旋半径一般为 500～1000 千米，高度可达15～20 千米，台风由外围区、最大风速区和台风眼三部分组成。外围区的风速从外向内增加，有螺旋状云带和阵性降水；最强烈的降水产生在最大风速区，平均宽 8～19 千米，它与台风眼之间有环形云墙；台风眼位于台风中心区，最常见的台风眼呈圆形或椭圆形状，直径约 10～70 千米，平均约 45 千米，台风眼的天气表现为无风、少云和干暖。

给台风命名

人们对台风的命名始于 20 世纪初，据说，首次给台风命名的是 20 世纪早期的一个澳大利亚预报员，他把热带气旋取名为他不喜欢的政治人物，借此，气象员就可以公开地戏称它。在西北太平洋，正式以人名为台风命名始于1945年，开始时只用女人名，以后据说因受到女权主义者的反对，从1979年开始，用一个男人名和一个女人名交替使用。直到1997年11月25日至12月1日，在香港举行的世界气象组织（简称WMO）台风委员会第30次会议决定，西北太平洋和南海的热带气旋采用具有亚洲风格的名字命名，并决定从2000年1月1日起开始使用新的命名方法。

新的命名方法是事先制定的一个命名表，然后按顺序年复一年地循环重复使用。命名表共有140个名字，分别由WMO所属的亚太地区的柬埔寨、中国、朝鲜、中国香港、日本、老挝、中国澳门、马来西亚、密克罗尼西亚、菲律宾、韩国、泰国、美国以及越南等14个成员国和地区提供。每个国家或地区提供10个名字。这140个名字分成10组，每组的14个名字，按每个成员国英文名称的字母顺序依次排列，按顺序循环使用，即西北太平洋和南海热带气旋命名表。同时，保留原有热带气旋的编号。具体而言，每个名字不超过9个字母；容易发音；在各成员语言中没有不好的意义；不会给各成员带来任何困难；不是商业机构的名字；选取的名字应得到全体成员的认可，如有任何一成员反对，这个名称就不能用作台风命名。

浏览台风命名表已很少用人名，大多使用了动物、植物、食品等的名字，还有一些名字是某些形容词或美丽的传说，如玉兔、悟空等。“杜鹃”这个名字是中国提供的，就是我们熟悉的杜鹃花。曾在我国登陆的“科罗旺”是柬埔寨提供的，是一种树的名字。“莫拉克”是泰国提供的，意为绿宝石。“伊布都”是菲律宾提供的名字，意为烟囱或将雨水从屋顶排至水沟的水管。

台风的实际命名使用工作由日本气象厅东京区域专业气象中心负责，当日本气象厅将西北太平洋或南海上的热带气旋确定为热带风暴强度时，即根据列表给予名称，并同时给予一个四位数字的编号。编号中前两位为年份，后两位为热带风暴在该年生成的顺序。例如，0704，即2007年第4号热带风暴。

根据规定，一个热带气旋在其整个生命过程中无论加强或减弱，始终保持名字不变。如0704号热带风暴、强热带风暴和台风，其英文名均为“Man-Yi”，中文名为“万宜”。为避免一名多译造成的不必要的混乱，中国中央气象台和中国香港天文台、中国澳门地球物理暨气象台经过协商，已确定了一套统一的中文译名。

一般情况下，事先制定的命名表按顺序年复一年地循环重复使用，但遇到特殊情况，命名表也会做一些调整，如当某个台风造成了特别重大的灾害或人员伤亡而声名狼藉，成为公众知名的台风后，为了防止它与其他的台风同名，台风委员会成员可申请将其使用的名称从命名表中删去，也就是将这个名称永远命名给这次热带气旋，其他热带气旋不再使用这一名称。当某个台风的名称被从命名表中删除后，台风委员会将根据相关成员的提议，对热带气旋名称进行增补。

从 2000 年 1 月 1 日起，我国中央气象台发布热带气旋警报时，除使用热带气旋编号外，还使用热带气旋名字。此前，我国一直采用热带气旋编号办法。

台风的益处

在我国沿海地区，几乎每年夏秋两季都会或多或少地遭受台风的侵袭，因此而遭受的生命财产损失也不小。作为一种灾害性天气，可以说，提起台风，没有人会对它表示好感。然而，凡事都有两重性，台风是给人类带来了灾害，但假如没有台风，人类将更加遭殃。科学研究发现，台风对人类起码有如下几大益处：

（1）台风这一热带风暴却为人们带来了丰沛的淡水。台风给中国沿海、日本海沿岸、印度、东南亚和美国东南部带来大量的雨水，约占这些地区总降水量的 1/4 以上，对改善这些地区的淡水供应和生态环境都有十分重要的意义。

（2）靠近赤道的热带、亚热带地区受日照时间最长，干热难忍，如果没有台风来驱散这些地区的热量，那里将会更热，地表沙荒将更加严重。同时寒带将会更冷，温带将会消失。我国将没有昆明这样的春城，也没有四季常青的广州，“北大仓”、内蒙古草原亦将不复存在。

（3）台风最高时速可达 200 千米以上，所到之处，摧枯拉朽。这巨大的能量可以直接给人类造成灾难，但也全凭着这巨大的能量流动使地球保持着热平衡，使人类安居乐业，生生不息。

（4）台风还能增加捕鱼产量。每当台风吹袭时翻江倒海，将江海底部的营养物质卷上来，鱼饵增多，吸引鱼群在水面附近聚集，渔获量自然提高。

台风引发的灾害

台风是一种破坏力很强的灾害性天气系统，但有时也能起到消除干旱的有益作用。其危害性主要有3个方面：

（1）大风。台风中心附近最大风力一般为8级以上。

（2）暴雨。台风是最强的暴雨天气系统之一，在台风经过的地区，一般能产生150～300毫米降雨，少数台风能产生1000毫米以上的特大暴雨。1975年第3号台风在淮河上游产生的特大暴雨，创造了中国大陆地区暴雨极值，形成了河南“75·8”大洪水。

（3）风暴潮。一般台风能使沿岸海水产生增水，江苏省沿海最大增水可达3米。“9608”和“9711”号台风增水，使江苏省沿江沿海出现超历史的高潮位。

我国的重大台风灾害

台风“莫拉克”

2009年台风“莫拉克”造成台湾、大陆500多人死亡、近200人失踪、46人受伤。台湾南部雨量超2000毫米，造成数百亿台币损失，大陆损失近百亿人民币。

2008年第14号强台风“黑格比”，造成菲律宾、华南、越南共127人死亡。

2008年第8号强台风“凤凰”，造成台湾、安徽、江苏至少13人死亡，福建地区基础设施损坏严重，经济损失巨大。

2008年第6号台风“风神”，造成广东、湖南、江西至少30人死亡，财产损失巨大，降水量破纪录。

2008年第1号台风“浣熊”，造成华南至少5人死亡以及人员失踪，经济损失巨大，广东一水库由于蓄水过多而不得不溃坝，基础设施破坏严重，造成华南历史上4月最为严重的洪涝灾害，降水破历史上4月纪录。

2007 年第 9 号超强台风“圣帕”，造成东南沿海至少 39 人死亡，经济损失较大。

2006 年的 4 号强热带风暴“碧利斯”，在菲律宾、中国东南部以及台湾地区总共造成 672 人死亡以及 44 亿美元的损失。

2006 年的 8 号超强台风“桑美”，在马利安那群岛、菲律宾、中国东南沿海以及台湾地区总共造成 458 人死亡以及 25 亿美元的经济损失。

2005 年的 19 号超强台风“龙王”，给我国台湾、福建、广东、江西等地造成大风大雨，并造成一定人员伤亡。

2004 年的 14 号强台风“云娜”，登陆中国东南沿海。造成 164 人死亡，24 人失踪，直接经济损失达 181.28 亿元。

2003 年的 13 号强台风“杜鹃”，先后 3 次登陆广东，给我国华南地区造成重大灾害和财产损失，造成 38 人死亡，损失达 20 亿元。

预防台风要点

1. 千万别下海游泳

台风来时海滩助潮涌，大浪极其凶猛，在海滩游泳是十分危险的，所以千万不要去下海。

2. 受伤后不要盲目自救

台风中外伤、骨折、触电等急救事故最多。外伤主要是头部外伤，被刮倒的树木、电线杆或高空坠落物如花盆、瓦片等击伤。电击伤主要是被刮倒的电线击中，或踩到掩在树木下的电线。不要打赤脚，穿雨靴最好，防雨同时起到绝缘作用，预防触电。走路时观察仔细再走，以免踩到电线。通过小巷时，也要留心，因为围墙、电线杆倒塌的事故很容易发生。高大建筑物下注意躲避高空坠物。发生急救事故，先打 120，不要擅自搬动伤员或自己找车急救。搬动不当，对骨折患者会造成神经损伤，严重时会发生瘫痪。

3. 请尽可能远离建筑工地

居民经过建筑工地时最好稍微保持点距离，因为有的工地围墙经过雨水渗透，可能会松动；还有一些围栏，也可能倒塌；一些散落在高楼上没有及时收集的材料，譬如钢管、榔头等，说不定会被风吹下；而有塔吊的地方，更要注意安全，因为如果风大，塔吊臂有可能会折断。还有些地方正在进行建筑立面整治，人们在经过脚手架时，最好绕行，不要往下面走。

4. 一定要出行建议乘坐火车

在航空、铁路、公路三种交通方式中，公路交通一般受台风影响最大。如果一定要出行，建议不要自己开车，可以选择坐火车。

5. 为了自己和他人安全请检查家中门窗阳台

台风来临前应将阳台、窗外的花盆等物品移入室内。切勿随意外出，家长关照自己孩子。居民用户应把门窗捆紧拴牢，特别应对铝合金门窗采取防护，确保安全。市民出行时请注意远离迎风门窗，不要在大树下躲雨或停留。

知识点

台风眼

台风是发生在热带海洋上的强烈天气系统，它像在流动江河中前进的涡旋一样，一边绕自己的中心急速旋转，一边随周围大气向前移动。像温带气旋一样，在北半球热带气旋中的气流绕中心呈逆时针方向旋转，在南半球则相反。愈靠近热带气旋中心，气压愈低，风力愈大。

然而，发展强烈的台风，其中心却是一片风平浪静的晴空区，即台风眼。台风是范围很大的一团旋转的空气，中心气压很低，四周围的空气绕着它的中心以反时针方向快速地旋转。低层空气边旋转边向低压中心流动，空气流动速度越快，风速也越大。台风眼是确定台风登陆点的关键。台风登陆后通常需要过一到两个小时才能做出判断，需要将各项数据传回气象部门，对其高峰和低峰值进行分析后，才能确定台风是否已登陆。台风在移动，台风眼的位置也在变化。

人工削弱台风

人工削弱台风即是在台风眼周围的云墙和离台风眼稍远的螺旋状云系内，播撒大量的碘化银，使云中产生大量冰晶和冻滴，释放冻结潜热，促进对流云发展，从而使水汽进一步凝结而继续释放潜热，造成该区域的气温上升，这样，低层气压降低，就可以使台风眼附近的气压梯度变小，最大风力减弱。同时，由于主要上升气流区向外围扩展，低层入流区也随之外移，根据角动量守恒原理，这将使最大水平风速减小。理论模式的计算结果表明，用催化的方法，能使台风眼壁向外扩展 10 千米，并使海面最大风速减小 3～4 米/秒。

有人估计，如果台风最大风力减弱 10%，就会使灾情减轻 20%。所以人工削弱台风试验，都是以削弱台风眼周围的最大风力为目标。

美国在 1947 年 10 月对台风进行了首次播云尝试。在 20 世纪的 60 年代和 70 年代，又先后对 4 个台风进行了 8 次有计划的播云试验，其中 4 次在播撒碘化银后，最大风速减小了 10%～30%。但由于台风风速的自然变率较大，最大风速的这种减小，还不能完全肯定是播云的效果。在 80 年代，美国对台风又作了进一步探测，发现台风的云墙和螺旋状云系内过冷水含量很少（一般小于 0.5 克/米^3），冰晶浓度很高（1～200 个/升），云内的铅直气流较弱（一般小于 3～5 米/秒），估计人工播撒成冰剂很难产生明显的热力效应，所以用人工播云法削弱台风的可行性又受到了怀疑。

龙卷风

地球上最迅猛的强风——龙卷风

龙卷风是一种强烈的、小范围的空气涡旋，是在极不稳定天气下由空气强烈对流运动而产生的。由雷暴云底伸展至地面的漏斗状云（龙卷）产生的强烈的旋风，其风力可达 12 级以上，最大可达 100 米/秒以上，一般伴有雷雨，有时也伴有冰雹。

空气绕龙卷的轴快速旋转，受龙卷中心气压极度减小的吸引，近地面几十米厚的一薄层空气内，气流被从四面八方吸入涡旋的底部，并随即变为绕轴心向上的涡流。龙卷中的风总是气旋性的，其中心的气压可以比周围气压低10%。

龙卷风

龙卷风是一种伴随着高速旋转的漏斗状云柱的强风涡旋，其中心附近风速可达100～200米/秒，最大300米/秒，比台风（产生于海上）近中心最大风速大好几倍。中心气压很低，一般可低至400hPa（百帕，气压单位），最低可达200hPa。它具有很大的吸吮作用，可把海（湖）水吸离海（湖）面，形成水柱，然后同云相接，俗称“龙取水”。由于龙卷风内部空气极为稀薄，导致温度急剧降低，促使水汽迅速凝结，这是形成漏斗云柱的重要原因。漏斗云柱的直径，平均只有250米左右。龙卷风产生于强烈不稳定的积雨云中。它的形成与暖湿空气强烈上升、冷空气南下、地形作用等有关。江苏省每年几乎都有龙卷风发生，但发生的地点没有明显规律。出现的时间，一般在六七月间，有时也发生在8月上、中旬。

龙卷风的形成

龙卷风这种自然现象是云层中雷暴的产物。具体地说，龙卷风就是雷暴巨大能量中的一小部分在很小的区域内集中释放的一种形式。龙卷风的形成可以分为4个阶段：

（1）大气的不稳定性产生强烈的上升气流，由于急流中的最大过境气流的影响，它被进一步加强。

（2）由于与在垂直方向上速度和方向均有切变的风相互作用，上升气流在对流层的中部开始旋转，形成中尺度气旋。

（3）随着中尺度气旋向地面发展和向上伸展，它本身变细并增强。同时，一个小面积的增强辅合，即初生的龙卷在气旋内部形成，产生气旋的同样过程，形成龙卷核心。

（4）龙卷核心中的旋转与气旋中的不同，它的强度足以使龙卷一直伸展到地面。当发展的涡旋到达地面高度时，地面气压急剧下降，地面风速急剧上升，形成龙卷。

龙卷风常发生于夏季的雷雨天气时，尤以下午至傍晚最为多见。袭击范围小，龙卷风的直径一般在十几米到数百米之间。龙卷风的生存时间一般只有几分钟，最长也不超过数小时。风力特别大，在中心附近的风速可达 100～200 米/秒。破坏力极强，龙卷风经过的地方，常会发生拔起大树、掀翻车辆、摧毁建筑物等现象，有时把人吸走，或把部分地面物卷至空中，危害十分严重。

龙卷风的 5 个等级

龙卷风共分 5 个等级，分别是 F1 级、F2 级、F3 级、F4 级和 F5 级。

F1 级龙卷风体形较小，风力较弱，足以掀起屋顶和拔倒活动房屋，漩涡中央的风时速 110～168 千米；F2 级风时速介于 169～225 千米之间，足以使厢形车翻覆；F3 风时速高达 390 千米，足以连树拔根而起；F4 足以卷起房屋树木与车辆，凌空而起至数百码外；最恐怖的就是难以想象的 F5，它足以掀起坚固的房屋，钢筋水泥等强化性建筑也会被撕成断瓦碎片，美国得州乔洛郡 1997 年 5 月的龙卷风便属于这一等级，风时速高达 477 千米；该龙卷风直径大于 1 千米，给美国造成了数亿美元的损失。

2007 年 2 月 1 日后，美国的龙卷风改用改进藤田等级。

龙卷风的危害

龙卷风的袭击突然而猛烈，产生的风是地面上最强的。在美国，龙卷风每年造成的死亡人数仅次于雷电。它对建筑的破坏也相当严重，经常是毁灭性的。

1995 年在美国俄克拉荷马州阿得莫尔市发生的一场陆龙卷，诸如屋顶之类的重物被吹出几十千米之远。大多数碎片落在陆龙卷通道的左侧，按重量不等常常有很明确的降落地带。较轻的碎片可能会飞到 300 多千米外才落地。

在 1999 年 5 月 27 日，美国得克萨斯州中部，包括首府奥斯汀在内的 4 个县遭受特大龙卷风袭击，造成至少32人死亡，数十人受伤。据报道，在离奥斯汀市北部40千米的贾雷尔镇，有50多所房屋倒塌，已有30多人在龙卷风中丧生。遭到破坏的地区长达1千米，宽182米。这是继同年5月13日迈阿密市遭龙卷风中袭击之后，美国又一遭受龙卷风的地区。

海上龙卷风

在强烈龙卷风的袭击下，房子屋顶会像滑翔翼般飞起来。一旦屋顶被卷走后，房子的其他部分也会跟着崩解。因此，建筑房屋时，如果能加强房顶的稳固性，将有助于防止龙卷风过境时造成巨大损失。

一般情况下，龙卷风是一种气旋。它在接触地面时，直径在几米到1千米不等，平均在几百米。龙卷风影响范围从数米到几十上百千米，所到之处万物遭劫。龙卷风漏斗状中心由吸起的尘土和凝聚的水气组成可见的"龙嘴"。在海洋上，尤其是在热带，类似的景象在发生时称为海上龙卷风。

大多数龙卷风在北半球是逆时针旋转，在南半球是顺时针，也有例外情况。卷风形成的确切机理仍在研究中，一般认为是与大气的剧烈活动有关。

龙卷风通常是极其快速的，100米/秒的风速不足为奇，甚至达到175米/秒以上，比12级台风还要大五六倍。风的范围很小，一般直径只有25~100米，只在极少数的情况下直径才达到1千米以上；从发生到消失只有几分钟，最多几个小时。

1879年5月30日下午4时，在美国堪萨斯州北方的上空有两块又黑又浓的乌云合并在一起。15分钟后在云层下端产生了漩涡。漩涡迅速增长，变成一根顶天立地的巨大风柱，在3个小时内像一条孽龙似的在整个州内胡作非为，所到之处无一幸免。但是，最奇怪的事是发生在刚开始的时候，龙卷风漩涡横过一条小河，遇上了一座峭壁，显然是无法超过这个障碍物，漩涡便折抽西进，那边恰巧有一座新造的75米长的铁路桥。龙卷风漩涡竟将它从石桥墩上"拔"起，把它扭了几扭然后抛到水中。

对龙卷风的防范措施

（1）在家时，务必远离门、窗和房屋的外围墙壁，躲到与龙卷风方向相反的墙壁或小房间内抱头蹲下。躲避龙卷风最安全的地方是地下室或半地下室。

（2）在电杆倒、房屋塌的紧急情况下，应及时切断电源，以防止电击人体或引起火灾。

（3）在野外遇龙卷风时，应就近寻找低洼地伏于地面，但要远离大树、电杆，以免被砸、被压和触电。

（4）汽车外出遇到龙卷风时，千万不能开车躲避，也不要在汽车中躲避，因为汽车对龙卷风几乎没有防御能力，应立即离开汽车，到低洼地躲避。

托那陀暴风

托那陀暴风

在北美洲，人们称这种具有极大破坏力的龙卷风为托那陀暴风。这种巨大的龙卷风一经形成，所到之处便摧毁一切，许多确凿的事实是众所周知的。托那陀暴风把人、动物，甚至房屋都抬向空中。

美国一所小学的女教师曾叙述过这样一件事：“在一次上课时，我听见一声震耳欲聋的轰隆声，突然刮起了可怕的大风，我还没有来得及把孩子们带到安全地带，教室的所有玻璃都突然掉落了，孩子们惊慌地扑向我身边。就在这时，像有一对看不见的翅膀把我们和教室里的一切东西一起抬向天空，孩子们和其他东西在我周围旋转，我很快就失去了知觉……”

托那陀暴风，即陆龙卷风，像巨大的吸尘器，所到之处，一切荡然无存。它经过地面，地面的一切都要被它卷走；它经过水库、河流，常卷起冲天水柱，连水库、河流的底部有时都暴露出来。

夜里出现龙卷风的时候，它的景象既使人害怕，又使人犹如进入仙境般的梦幻感觉。大气中充满电荷的旋风柱闪闪发光，它的上部放出闪电的火花，它经过城镇上空时，好像所有的建筑物都在燃烧。

1979 年美国《读者文摘》月报在报道当年发生的一场悲剧性事件时醒目地描述了这种大自然的风暴给美国带来的严重灾难。

1974 年 4 月 3 日，多么可怕的一天啊！午后 3 时 50 分，路易斯维尔市的天气预报电传打字机打出了一份向肯塔基州居民预报危险气象的报告表：“发播托那陀暴风消息，托那陀暴风约在 15 时 45 分，在离哈尔金斯堡不远，离伊尔维格顿 3 海里的海面上经过，然后向西北方向移动，风力约 50 海里/时。”

然而，这仅仅是几个观测点观测到的不大的旋风，而最可怕的托那陀暴风沿弧线移动，越过伊尔维格顿就神速地加大了速度，向布兰登堡猛袭，这个宁静的小镇的 1700 多居民中只有很少的人听见了电台和电视广播的预报。

一些人从远处发现了黑色的漏斗状的乌云临近了，另一些人则被雷鸣般的声音吓得惶恐不安，这时托那陀暴风离他们只有几分钟的路程了。16 时 10 分，托那陀暴风凶猛地扑向这座城镇，捣毁了差不多半个城市的住房、行政机关和商业贸易大楼，它摧毁汽车就像挤压葡萄一样。

这就是在美国南部和中西部 11 个州恣意横行过几百次的托那陀暴风中的一次。它的时速从 100 海里加大到 300 海里。这种从未见过的托那陀暴风，卷走了 329 人，使 4000 多人受伤，24000 多家遭到不同程度的损失，损失价值约 7 亿美元。

阿拉巴马州的小城古荫几乎被彻底摧毁，死了 23 人——该地居民的 1%。在印第安纳州的蒙济谢诺，托那陀暴风怒号地扫过弗利明湖，从钢筋混凝土的桥墩上把铁路桥折断成 4 截，并把它抬向空中扔到约 12 米以外的一个湖里。这被折断的铁路桥每一截都有约 115 吨重！

西尔维亚·赫尤蒙斯曾叙述过印第安纳州的哈诺维尔郊区发生过的托那陀暴风的情景：“我发现在离地 15 英尺高的地方有 3 个‘漏斗’，呼呼吼叫，贝尔像一个巨大的咖啡豆绞磨机，最大的一个‘漏斗’（即龙卷），把停放不远的一个自动拖车捣毁成碎片，我躲在家里的小贮藏室里，时刻有死亡的危险。暴风就在我的头上狂号，房屋像呼吸一样，一起一伏，贮藏室的墙壁时而向内，时而向外地摇晃着。”

在另一个地方，龙卷风把一所房屋和屋中的几个主人一起抬向空中，翻了一个360°的筋斗，又把他们完整无缺地送回地面。然后，暴风沿河流冲去，卷起了冲天水柱，被连根拔起的树干在水中翻滚，像巨型洗衣机搅动衣服一样。

托那陀暴风经过印第安纳州的贝尔—布兰奇小镇时，赫尔别特·阿尔斯顿看见窗外的黑云对妻子叫了一声：“快到洗澡间去！”艾丽丝和四个孩子都冲进了洗澡间，阿尔斯顿跑到了另一边……龙卷风刮走了洗澡间的一面墙，把阿尔斯顿和他的妻子、孩子一起抬向空中，阿尔斯顿飞越了整整40英尺才仰身坠落在地上，此时，他才看见他五岁的小女儿艾米在离家75英尺远的一棵苹果树的上空飞翔……

在克谢尼阿，地方电台和电视台曾向这座小镇的27000多居民发布了暴风警报，仅仅才过15分钟，托那陀暴风就猛烈地扑向克谢尼阿镇。近半个城镇被捣毁，或受到严重破坏，34人死亡，1600多人受伤。

黑风暴

谈到风暴，人们自然会联想到发生在太平洋洋面上的热带风暴和台风，它会造成我国东南沿海极严重的强风和暴雨灾害。然而，这里要向大家介绍的是发生在戈壁沙漠中的黑风暴，它在我国也是一种较严重的灾害性天气。

黑风暴和台风都是一种由低压系统产生的风暴现象，是以强风为主角的灾害性天气，但它们也存在许多显著的差异。一是台风和黑风暴发生的下垫面不同。二是台风主要出现在夏秋两季，发生时伴随强风的是暴雨，甚至特大暴雨，雨涝成灾；而黑风暴集中在春季，来临时狂飙卷夹了大量沙尘，伸手不见五指，破坏和掩埋近地面物体和良田，几乎没有降水现象。由此可见，台风和黑风暴是很不相同的。

黑风暴实际上是强沙尘暴现象，俗称为黑风。它是强风、浓密度沙尘混

黑风暴

合的灾害性天气。强风是启动力，具有丰富沙尘源的荒漠和半荒漠地面，是构成黑风暴的物质基础，当然还必须具备发生近地面大风的有利天气条件——大范围强冷空气入侵和对流不稳定。

沙暴现象发生时，风力多在4～8级，近地面的细沙和粉尘被输送到15～30米的高度，水平能见度可维持在千米以上，通常就地形成，卷起的沙尘物质一般在就近的障碍物或绿洲边缘沉积，造成沙埋、沙割之害。还有一种与沙暴不同的尘暴现象，它是8级以上强风把大量尘土及其他细颗粒物质卷入高空，形成一道高达500～3000米翻腾的风暴。尘暴携带的尘土滚滚向前，在高空可飘到数千千米甚至1万千米之外。在荒漠和半荒漠地区尘暴与沙暴往往结合发生即为沙尘暴，黑风暴是特大的强沙尘暴天气。我国气象上定义发生沙尘暴时最大瞬间风速≥25米/秒，能见度<50米就称为黑风暴。

黑风暴的危害

黑风暴的危害主要有两个字，一是风，二是沙。

大风的危害也有二：一是风力破坏，二是刮蚀地皮。

先说风力破坏。大风破坏建筑物，吹倒或拔起树木电杆，撕毁农民塑料温室大棚和农田地膜等等。此外，由于西北地区四五月正是瓜果、蔬菜、甜菜、棉花等经济作物出苗，生长子叶或真叶期和果树开花期，此时最不耐风吹沙打。轻则叶片蒙尘，使光合作用减弱，且影响呼吸，降低作物的产量；重则苗死花落，那就更谈不上成熟结果了。例如，1993年5月5日黑风暴，使西北地区8.5万株果木花蕊被打落，10.94万株防护林和用材林折断或连根拔起。此外，大风刮倒电杆造成停水停电，影响工农业生产。

大风作用于干旱地区疏松的土壤时会将表土刮去一层，叫做风蚀。例如1993年5月5日黑风平均风蚀深度10厘米（最多50厘米），也就是每亩地平均有 60~70 立方米的肥沃表土被风刮走。其实大风不仅刮走土壤中细小的黏土和有机质，而且还把带来的沙子积在土壤中，使土壤肥力大为降低。此外大风夹沙粒还会把建筑物和作物表面磨去一层，叫做磨蚀，也是一种灾害。

沙的危害主要是沙埋。前面说过，狭管、迎风和隆起等地形下，因为风速大，风沙危害主要是风蚀；而在背风凹洼等风速较小的地形下，风沙危害主要便是沙埋了。例如，1993 年 5 月 5 日黑风中发生沙埋的地方，沙埋厚度平均 20 厘米，最厚处达到了 1.2 米。

此外更重要的是，人的生命的损失。例如 1993 年 5 月 5 日黑风中共死亡 85 人，伤 264 人，失踪 31 人。此外，死亡和丢失大牲畜 12 万头，农作物受灾 560 万亩，沙埋干旱地区的生命线水渠总长 2000 多千米，兰新铁路停运 31 小时。总经济损失超过 5.4 亿元。

全球有四大沙尘暴区，它们分布在具有大沙漠和风蚀地的中非、北美、中亚及澳大利亚。我国西北地区属中亚沙尘暴区的一部分，有大沙漠和风蚀地 603800 平方千米，戈壁 569500 平方千米，不同程度的沙漠化土地60376平方千米。此外，还有风蚀性的低山丘陵、戈壁面上零星分布的风蚀残墩以及大面积风蚀性土漠。这些地方年降水量在 150 毫米以下，植被稀少，沙尘物质极为丰富，风蚀强烈。

据 1952 年以来的气象资料分析，西北地区有 3 个强沙尘暴高频区，第一个在甘肃河西走廊和宁夏黄河灌区一带，中心在甘肃民勤；第二高频区在新疆和田地区；第三个高频区在新疆吐鲁番地区。它们都分别位于巴丹吉林沙漠、腾格里沙漠和塔克拉玛干沙漠边缘，具有丰富的沙源物质。

黑风沙来袭

强沙暴在我国主要出现在 3—5月。统计中发现一个有趣的现象，历史上的 4 月 13—18 日和5 月 8—16 日，似乎是强沙尘暴的“宁静期”，从未发生过强沙尘暴。还有一个有趣现象是被巴丹吉林沙漠和腾格里沙漠包围的甘肃省民勤县是强沙尘暴出现最早（3 月 6—7 日）和最晚（7 月 17 日）的地方，类似和田地区3—6月也可发生强沙尘暴。强沙尘暴每次出现的范围和持续时间并不相同，有的只出现在一个县，持续 1 ~2 个小时；有的则跨省区持续数天，甚至影响我国几个省区。如 1983 年 4 月 26—28 日的特强沙尘暴天气过程，仅在 3 天时间内先后造成新疆吐鲁番盆地和和田地区、青海柴达木盆地、甘肃陇东、宁夏黄河灌区、内蒙古鄂尔多斯市和陕北榆林的黑风暴，几乎横扫了我国北方。

回顾半个多世纪，我国西北地区的黑风暴是逐年增加的，这可能与土地荒漠和气候干旱化有关。1993 年是黑风暴出现次数多、强度大的一年，其中最强的是 5 月 5—6 日的一次，新疆东部、甘肃河西走廊、内蒙古阿拉善盟、宁夏中北部都受到了黑风暴侵袭。在黑风暴临近前，可看到上黄、中红、下黑三种颜色的旋转式沙尘团组成的沙尘暴墙，形似原子弹爆炸后的蘑菇状烟云，在 1 千米远处就能听到沉闷的轰鸣声，大有三军战鼓齐鸣之势。黑风暴过境时，甘肃金昌市和宁夏中卫市风力达到 12 级，能见度降至零。这次黑风暴造成 85 人死亡，264 人受伤，31 人失踪，12 万头（只）牲畜死亡和丢失，73 万头（只）牲畜受伤，农作物受灾面积达 37 万公顷，直接经济损失约 7. 25 亿元。至于黑风暴造成的土地退化等生态灾变和社会影响，则难以评估。

黑风暴对不同地物的危害方式也不同，如暴风机械危害型、沙埋危害型和风蚀沙割危害型。强风造成的沙尘搬迁风蚀物，不仅直接影响沙源区土壤和营养物质的过度流失，而且污染空气，对其他地区以至全球的太阳辐射和热平衡都有一定的影响。全球每年因沙尘暴引起沙尘搬迁的沉积物可达 10 ~20 吨/千米^2。气象卫星资料分析气溶胶光学厚度发现，我国西北沙尘暴是大气气溶胶的重要来源，它们可以蔓延数千千米，覆盖上百万平方千米面积。黄沙长距离输送会损坏农田沃土，但也起到增加降水量、缓解酸雨危害程度的作用。日本观测确认，来自中国的黄沙粒子是日本冰晶凝结核的主要部分，增加了日本的降水量。又如 1988 年 4 月的一次沙尘暴，使北京地区空气中总含沙量比正常情况高 15. 7 倍，由于碱性亲石元素大量增加，减轻了酸雨危害。此外，平流层内沙尘微粒浓度的增加会造成平均气温降低。

目前，对沙尘暴的形成以及它对大气生态环境的影响已引起了全球科学界的重视，并开展了一系列研究。我国的研究表明：发展有效的黑风暴天气防护体系，包括建立中尺度天气监测网和预报、警报系统；加强和完善黑风暴天气的联报联防；研究制定西北地区脆弱生态系统保护规划；加强退化生态区域的恢复治理和植被保护；加强沙尘暴防灾抗灾知识的科普宣传教育工作等，都是减轻黑风暴危害的有力措施。

知识点

风　蚀

风蚀是风沙对地表物质的吹蚀和磨蚀作用。风吹过地表时，产生紊流，使沙离开地表，从而使地表物质遭受破坏，称为吹蚀作用；风沙流紧贴地面迁移时，沙砾对地面物质的冲击、摩擦的作用，称为磨蚀作用。在陡峭的岩壁上，经风蚀形成大小不等、形状各异的小洞穴和凹坑，称为风蚀壁龛；孤立突起的岩石，经长期风蚀，易形成柱状，称风蚀柱，或形成顶部大、基部小的形似蘑菇的岩石，称风蚀蘑菇；松散物质组成的地面，经风吹蚀，形成宽广而轮廓不大明显的风蚀洼地，它们多呈椭圆形，成行分布，并沿主要风向伸展；干旱、半干旱区的耕地如无防风设施，很易受到风蚀，土粒吹蚀后形成风蚀沙地，沙粒及岩石碎屑吹蚀后，石砾或基岩裸露，称为砾漠或石漠，又称戈壁。

人工干预风暴

风暴泛指强烈天气系统过境时出现的天气过程，特指伴有强风或强降水的天气系统，例如雷暴、飑线、龙卷风（海上的称为龙吸水）、台风、热带气旋、热带风暴等。

伊利湖位于美国的东北部，西北面是休伦湖，东北面与安大略湖相邻。这个地区有几百万人口直接饮用湖区流域的淡水。1966—1969 年期间，曾有一次伊利湖风暴，降雨量达到 11 亿米^3，相当于这个地区 16 天的供水量。因此，这个湖区的水资源非常被人们重视。

为什么冬季这里的风暴有这么多的降水呢？气象专家们分析，在冬天北部大陆性极地气团的冷空气向东南方向移动的过程中，经过这里较暖的湖面时，大量水汽输送到空中。由于它们的相互作用，使湖面地区常出现大气不稳定状态，而形成对流性层积云，即风暴。这些风暴的降雨，多出现在伊利湖的下风方，东部沿岸地带。由于冬季大量降雪，常常造成纽约州北部的布法罗城至宾夕法尼亚州的高速公路停止通行，致使当地工业及其他部门遭受到经济损失。在 1960—1970 年间高速公路停止通行最长的时间，曾有过 27 ~ 36 小时。

伊利湖上空的风暴是什么样的云层呢？为了开发湖区的水资源，云物理专家们对这个地区的云层条件进行了飞机和雷达探测，经过一些资源分析，伊利湖区的风暴云系分为 3 种类型：

（1）第一种在湖区上空，常常出现淡积云。淡积云进一步发展成中积云，它们的云底温度多为 -6.5℃，云顶温度 -17℃。水汽由较暖的湖面不断地向大片中积云输送，云体又继续发展而形成大片的积云性层积云。这些云中冻结核浓度比较低，不至于形成自然降雪。可是这种积云性层积云很适合进行人工影响降雪。

（2）第二种大片积云层积云，云底和云顶温度比较低，云中存在着大量冰晶核，能够使云层产生自然降雪，也适合人工影响降雪。

（3）第三种在严冬季节，湖区对流性层积云发展旺盛，云层很厚，是人工降雪的最佳条件。

1968—1969 年云物理专家们曾在湖区对上述的积云性层积云进行过人工催化降雪，出现降阵雪、阵雨，而后云层逐渐消散的效果。

近些年来，云物理专家们又进行了大量的人工影响降雨、雪试验和作业，运用雷达探测和地面降水量监测人工催化的效果。

在伊利湖区用飞机播撒干冰，人工催化积云性层积云 26 ~ 35 分钟之后，即可观测到从云层降下阵雪。

应用飞机向云层中投射碘化银焰弹或在飞机上用碘化银发烟器，向云中播撒大量人工冰核，经过十几分钟之后，即可从云中降下中等或强的阵雨，降雨的落区在湖面上。

因此，为了增加工业和生活需水，增加湖区水资源，应用上述两种方法，人工催化冬季湖区对流层积云取得了增加水资源的效果。

为了抑制伊利湖东岸过多的降雪，调节降雪落区的分布，可以在早期在湖面上风方进行人工催化作业，使降雪落在湖区内，减少由于积雪而造成的工业和交通运输的经济损失。

暴 雨

我国气象上规定，当24小时降水量为50毫米或以上的雨称为“暴雨”。按其降水强度大小又分为3个等级，即24小时降水量为50～99.9毫米称“暴雨”；100～200毫米以下为“大暴雨”；200毫米以上称“特大暴雨”。

暴雨的成因

暴雨形成的过程是相当复杂的，一般从宏观物理条件来说，产生暴雨的主要物理条件是充足的源源不断的水汽、强盛而持久的气流上升运动和大气层结构的不稳定。大中小各种尺度的天气系统和下垫面（特别是地形）的有利组合可产生较大的暴雨。引起中国大范围暴雨的天气系统主要有锋、气旋、切变线、低涡、槽、台风、东风波和热带辐合带等。此外，在干旱与半干旱的局部地区热力性雷阵雨也可造成短历时、小面积的特大暴雨。

暴雨形成示意图

暴雨常常是从积雨云中落下的。形成积雨云的条件是大气中要含有充足的水汽，并有强烈的上升运动，把水汽迅速向上输送，云内的水滴受上升运动的影响不断增大，直到上升气流托不住时，就急剧地降落到地面。

积雨云体积通常相当庞大，一块块的积雨云就是暴雨区中的降水单位，虽然每块单位水平范围只有1～20千米，但它们排列起来，可形成100～200千米宽的雨带。一团团的积雨云就像一座座的高山峻岭，强烈发展时，从离地面0.4～1千米高处一直伸展到10千米以上的高空。越往高空，温度越低，常达零下十几摄氏度，甚至更低。云上部的水滴就要结冰，人们在地面用肉眼看到云顶的丝缕状白带，正是高空的冰晶、雪花飞舞所致。地面上是大雨倾盆的夏日，高空却是白雪纷飞的严冬。

事实上，大气的运动和流水一样，常产生波动或涡旋。当两股来自不同方向或不同的温度、湿度的气流相遇时，就会产生波动或涡旋。其大的达几千千米，小的只有几千米。在这些有波动的地区，常伴随气流运行出现上升运动，并产生水平方向的水汽迅速向同一地区集中的现象，形成暴雨中心。

另外，地形对暴雨形成和雨量大小也有影响。例如，由于山脉的存在，在迎风坡迫使气流上升，从而垂直运动加大，暴雨增大；而在山脉背风坡，气流下沉，雨量大大减小，有的背风坡的雨量仅是迎风坡的1/10。曾在1963年8月上旬，从南海有一股湿空气输送到华北，这股气流恰与太行山相交，受山脉抬升作用的影响，导致沿太行山东侧出现历史上罕见的特大暴雨。而在1975年8月，河南也出现了一次特大暴雨，其中心林庄正处在南、北、西三面环山，而向东逐渐形成喇叭口地形之中，由于这样的地形，气流上升速度增大，雨量骤增，8月5—7日降水量达1600多毫米，而距林庄东南不到40千米地处平原区的驻马店，在同期内只有400多毫米。

另外，暴雨产生时，一般低层空气暖而湿，上层的空气干而冷，致使大气层处于极不稳定状态，有利于大气中能量释放，促使积雨云充分发展。

暴雨造成的灾害

由于各地降水和地形特点不同，所以各地暴雨洪涝的标准也有所不同。特大暴雨是一种灾害性天气，往往造成洪涝灾害和严重的水土流失，导致工程失事、堤防溃决和农作物被淹等重大的经济损失。特别是对于一些地势低洼、地形闭塞的地区，雨水不能迅速宣泄造成农田积水和土壤水分过度饱和，会造成更多的灾害。

洪涝灾害

暴雨的危害主要有2种：

（1）渍涝危害。由于暴雨急而大，排水不畅易引起积水成涝，土壤孔隙被水充满，造成陆生植物根系缺氧，使根系生理活动受到抑制，加强了嫌气过程，产生有毒物质，使作物受害而减产。

（2）洪涝灾害。由暴雨引起的洪涝淹没作物，使作物新陈代谢难以正常进行而发生各种伤害，淹水越深，淹没时间越长，危害越严重。特大暴雨引起的山洪暴发、河流泛滥，不仅危害农作物、果树、林业和渔业，而且还冲毁农舍和工农业设施，甚至造成人畜伤亡，经济损失严重。

暴雨的防护与自救

防护措施：

（1）地势低洼的居民住宅区，可因地制宜采取“小包围”措施，如砌围墙、大门口放置挡水板、配置小型抽水泵等。

（2）不要将垃圾、杂物等丢入下水道，以防堵塞，造成暴雨时积水成灾。

（3）底层居民家中的电器插座、开关等应移装在离地1米以上的安全地方。一旦室外积水漫进屋内，应及时切断电源，防止触电伤人。

（4）在积水中行走要注意观察，防止跌入窨井或坑、洞中。

（5）河道是城市中重要的排水通道，不准随意倾倒垃圾及废弃物，以防淤塞。

自救办法：

一个地区短期内连降暴雨，河水会猛烈上涨，漫过堤坝，淹没农田、村庄，冲毁道路、桥梁、房屋，这就是洪水灾害。发生了洪水，如何自救呢？

（1）受到洪水威胁，如果时间充裕，应按照预定路线，有组织地向山坡、高地等处转移；在措手不及，已经受到洪水包围的情况下，要尽可能利用船只、木排、门板、木床等，做水上转移。

（2）洪水来得太快，已经来不及转移时，要立即爬上屋顶、楼房高屋、大树、高墙，做暂时避险，等待援救。不要单身游水转移。

（3）在山区，如果连降大雨，容易暴发山洪。遇到这种情况，应该注意避免渡河，以防止被山洪冲走，还要注意防止山体滑坡、滚石、泥石流的伤害。

（4）发现高压线铁塔倾倒、电线低垂或断折，要远离避险，不可触摸或接近，防止触电。

（5）洪水过后，要服用预防流行病的药物，做好卫生防疫工作，避免发生传染病。

人工消雨

人工消雨是通过在降水云团的上游地区采用大范围、大规模的人工增雨作业，使天气系统的能量加速扩散，同时使得空中水滴提前快速形成，并且提前降落地面。这种方式可以使一些降水提前降落，从而保证了预定的好天气。

人工消雨

形成降水要有 2 个条件：①云中要有充足的水汽，②要有适当多的凝结核。因此，人工降雨的方法就是向云中引入人工凝结核。一般是采用飞机、火箭、高炮、气球和在上升气流区地面燃烧碘化银等手段，把催化剂送入云中。飞机一般飞到 6000 米左右高度穿云播撒催化剂。火箭、高炮则直接轰击雷雨云适当部位，弹头装载碘化银送入云中。气球下挂碘化银焰弹，升入云中 0℃ 层以上燃烧，把催化剂释放出来。对温度在零上的暖云一般使用吸湿性物质如盐粉、尿素、氯化钙等，使云中水汽变成大水滴下落成雨。对于温度低于 0℃ 的冷云则播撒人工晶核碘化银等，或者播撒干冰、液体氮气等，使冷云中冰晶数量增加而提高降水效率。

人工消雨的原理与人工降雨近似，但也有所区别。人工消雨有 2 种方式：①在目标区的上风方，通常大约是 60 ~ 120 千米的距离，进行人工增雨作业，让雨提前下完；②在目标区上风方，通常大约是 30 ~ 60 千米的距离，往云层里超量播撒冰核，使冰核含量达到降水标准的 3 ~ 5 倍，冰核数量多了，每个冰核吸收的水分就少，无法形成足够大的雨滴。通俗来讲，就是让雨“憋着不下”。

关于人工消雨作业的大致流程，首先要对天气状况及其变化趋势进行细致地观测和预测，确定是否存在降雨的可能。如果发现有降雨的可能，则需要进一步了解本次天气系统对本地的可能影响趋势，何时、何地可能产生降雨。之后就要针对拟保护地区制定人工消雨方案。一有作业条件，则立即启动飞机或地面火箭和高炮等设备进行作业。如果是受移动天气系统的影响，则在拟保护地区的上游地区进行人工增雨作业，让本地未来的可能降雨在其上游地区提前降到地面，从而达到拟保护地区减缓或消除降雨的目的；如果是局部云系发展产生降雨，则需对目标云系进行过量播撒作业，充分“争食”云中的水分，使云滴很难长大成为雨滴降落到地面，达到减弱或消除降雨的目的。

2009 年 8 月 8 日，北京奥运会开幕式上，在绚丽的烟火点亮北京城上空时，气象专家实施了中国有史以来最大规模的人工影响天气作业，将一条来自西南的暴雨云带“化作无形”，为开幕式的成功举办奠定了坚实的基础。

此次奥运会就采用了飞机人工消雨的方法，主要是针对比较稳定的层状云，其中，层状云还分冷云和暖云。对于冷云，可通过飞机携带碘化银在云中进行催化作业；如果是暖云，则使用吸湿性的暖云催化剂。针对容易产生雷电的对流云，则采用火箭人工消雨方式。

开幕式当天下午，气象部门派出 4 架飞机，分别对云、降水条件进行探测和用暖云催化剂进行作业；火箭作业从下午 6 时到 11 时 30 分，持续了大约 5 个半小时，共发射 1104 枚。

但是，目前人工消雨的影响力是比较有限的。对范围小、强度弱的降水天气过程会取得比较理想的效果，但遇上强降水天气过程，就目前的技术手段，还达不到人工消雨理想的效果。

知识点

碘化银

碘化银是浅黄色无定形粉末或六方、立方结晶。无气味。遇空气与光逐渐变为黑色。能缓慢地与沸的浓酸反应，而不与热的氢氧化碱溶液反应。易溶于氰化碱和碘化碱溶液，溶于浓的氢碘酸、溴化碱、氯化碱、硫氰酸碱、硫代硫酸碱、硝酸汞和硝酸银溶液，几乎不溶于水、氢碘酸以外的酸和碳酸铵溶液。

碘化银和溴化银混合，可制造照相感光乳剂。在人工降雨中，用作冰核形成剂。还能防冰雹、防霜冻、防雪、防风暴，甚至可以防台风。在北京2008奥运会上，该物质被应用于人工消雨，成功保证了北京奥运会开、闭幕式顺利进行。

酸　雨

被大气中存在的酸性气体污染，pH值小于5.65的酸性降水叫酸雨。酸雨主要是人为地向大气中排放大量酸性物质造成的。我国的酸雨主要是因大量燃烧含硫量高的煤而形成的，此外，各种机动车排放的尾气也是形成酸雨的重要原因。近年来，我国一些地区已经成为酸雨多发区，酸雨污染的范围和程度已经引起人们的密切关注。什么是酸？纯水是中性的，没有味道；柠檬水、橙汁有酸味，醋的酸味较大，它们都是弱酸；小苏打水有略涩的碱性，而苛性钠水就涩涩的，碱味较大，苛性钠是碱，小苏打虽显碱性但属于盐类。科学家发现酸味大小与水溶液中氢离子浓度有关；而碱味与水溶液中羟基离子浓度有关；然后建立了一个指标：氢离子浓度对数的负值，叫pH值。于是，纯水（蒸馏水）的pH值为7；酸性越大，pH值越低；碱性越大，pH值越高。（pH值一般为0～14之间）未被污染的雨雪是中性的，pH值近于7；当它为大气中二氧化碳饱和时，略呈酸性（水和二氧化碳结合为碳酸），pH值为5.65。pH值小于5.65的雨叫酸雨；pH值小于5.65的雪叫酸雪；在高空或高山（如峨眉山）上弥漫的雾，pH值小于5.65时叫酸雾。

检验水的酸碱度一般可以用几个工具：石蕊试剂/酚酞试液/pH值试纸（精确率高，能检验pH值）/pH值计（能测出更精确的pH值）。

酸雨的危害

酸雨危害是多方面的，包括对人体健康、生态系统和建筑设施都有直接和潜在的危害。酸雨可使儿童免疫功能下降，慢性咽炎、支气管哮喘发病率增加，同时可使老人眼部、呼吸道患病率增加。酸雨还可使农作物大幅度减产。特别是小麦，在酸雨影响下，可减产13%～34%。大豆、蔬菜也容易受酸雨危害，导致蛋白质含量和产量下降。酸雨对森林和其他植物危害也较大，常使森林和其他植物叶子枯黄、病虫害加重，最终造成大面积死亡。

酸雨可对森林植物产生很大危害。根据国内对105种木本植物影响的模拟实验，当降水pH值小于3.0时，可对植物叶片造成直接的损害，使叶片失绿变黄并开始脱落。叶片与酸雨接触的时间越长，受到的损害越严重。野外调查表明，在降水pH值小于4.5的地区，马尾松林、华山松和冷杉林等出现大量黄叶并脱落，森林成片地衰亡。例如重庆奉节县的降水pH值小于4.3的地段，20年生马尾松林的年平均高生长量降低50%。

酸雨对森林的影响在很大程度上是通过对土壤的物理化学性质的恶化作用造成的。在酸雨的作用下，土壤中的营养元素钾、钠、钙、镁会释放出来，并随着雨水被淋溶掉。所以长期的酸雨会使土壤中大量的营养元素被淋失，造成土壤中营养元素的严重不足，从而使土壤变得贫瘠。此外，酸雨能使土壤中的铝从稳定态中释放出来，使活性铝的增加而有机络合态铝减少。土壤中活性铝的增加能严重地抑制林木的生长。

酸雨可抑制某些土壤微生物的繁殖，降低酶活性，土壤中的固氮菌、细菌和放线菌均会明显受到酸雨的抑制。酸雨还可使森林的病虫害明显增加。在四川，重酸雨区的马尾松林的病情指数为无酸雨区的2.5倍。

酸雨对中国森林的危害主要是在长江以南的省份。根据初步的调查统计，四川盆地受酸雨危害的森林面积最大，约为28万公顷，占有林地面积的32%。贵州受害森林面积约为14万公顷。根据某些研究结果，仅西南地区由于酸雨造成森林生产力下降，共损失木材630万立方米，直接经济损失达30亿元（按1988年市场价计算）。对南方11个省份的估计，酸雨造成的直接经济损失可达44亿元。

现在大多数专家认为，森林的生态价值远远超过它的经济价值。虽然对森林的生态价值的计算方法还有一些争议，计算出来的数字还不能得到社会的普遍承认，但森林的生态价值超过它的经济价值，这几乎是一致的。根据这些计算结果，森林的生态价值是它经济价值的2~8倍。如果按照这个比例来计算，酸雨对森林危害造成的经济损失是极其巨大的。

酸雨的防治

控制酸雨的根本措施是减少二氧化硫和氮氧化物的排放。

世界上酸雨最严重的欧洲和北美许多国家在遭受多年的酸雨危害之后，

终于都认识到，大气无国界，防治酸雨是一个国际性的环境问题，不能依靠一个国家单独解决，必须共同采取对策，减少硫氧化物和氮氧化物的排放量。经过多次协商，1979 年 11 月在日内瓦举行的联合国欧洲经济委员会的环境部长会议上，通过了《控制长距离越境空气污染公约》，并于 1983 年生效。《公约》规定，到 1993 年底，缔约国必须把二氧化硫排放量削减为 1980 年排放量的 70%。欧洲和北美（包括美国和加拿大）等 32 个国家都在公约上签了字。为了实现许诺，多数国家都已经采取了积极的对策，制订了减少致酸物排放量的法规。例如，美国的《酸雨法》规定，密西西比河以东地区，二氧化硫排放量要由 1983 年的 2000 万吨/年，经过 10 年减少到 1000 万吨/年；加拿大二氧化硫排放量由 1983 年的 470 万吨/年，到 1994 年减少到 230 万吨/年，等等。目前世界上减少二 氧化硫排放量的主要措施有：

（1）原煤脱硫技术，可以除去燃煤中大约 40% ~60% 的无机硫。

（2）优先使用低硫燃料，如含硫较低的低硫煤和天然气等。

（3）改进燃煤技术，减少燃煤过程中二氧化硫和氮氧化物的排放量。例如，液态化燃煤技术是受到各国欢迎的新技术之一。它主要是利用加进石灰石和白云石，与二氧化硫发生反应，生成硫酸钙随灰渣排出。

（4）对煤燃烧后形成的烟气在排放到大气中之前进行烟气脱硫。目前主要用石灰法，可以除去烟气中 85% ~90% 的二氧化硫气体。不过，脱硫效果虽好但十分费钱。例如，在火力发电厂安装烟气脱硫装置的费用，要达电厂总投资的 25% 之多。这也是治理酸雨的主要困难之一。

（5）开发新能源，如太阳能、风能、核能、可燃冰等，但是目前技术不够成熟，如果使用会造成新污染，且消耗费用十分高。

知识点

氧化脱硫技术

氧化脱硫技术是用氧化剂将噻吩类硫化物氧化成亚砜和砜，再用溶剂抽提的方法将亚砜和砜从油品中脱除，氧化剂经过再生后循环使用。目前的低硫柴油都是通过加氢技术生产的，由于柴油中的二甲基二苯并噻吩结构稳定不易加氢脱硫，为了使油品中的硫含量降到 10μg/g，需要更高的反应压力和更低的空速，这无疑增加了加氢技术的投资费用和生产成本。而氧化脱硫技术不仅可以满足对柴油馏分10μg/g的要求，还可以再分销网点设置简便可行的脱硫装置，是满足最终销售油品质量的较好途径。

“厄尔尼诺”现象

厄尔尼诺现象又称厄尔尼诺海流，是太平洋赤道带大范围内海洋和大气相互作用后失去平衡而产生的一种气候现象，就是沃克环流圈东移造成的。

正常情况下，热带太平洋区域的季风洋流是从美洲走向亚洲，使太平洋表面保持温暖，给印尼周围带来热带降雨。但这种模式每2～7年被打乱一次，使风向和洋流发生逆转，太平洋表层的热流就转而向东走向美洲，随之便带走了热带降雨，出现所谓的“厄尔尼诺现象”。

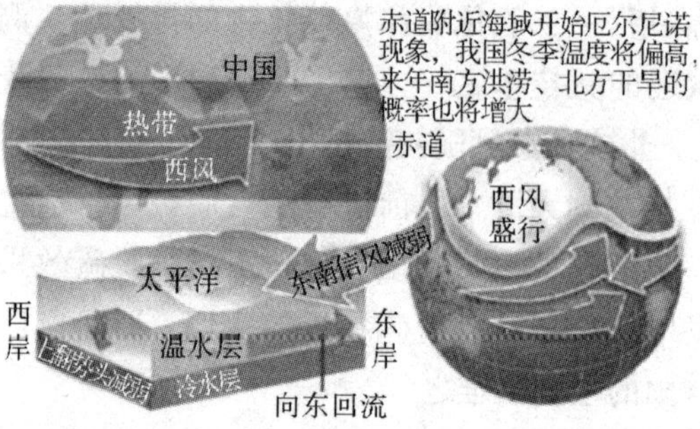

厄尔尼诺现象

厄尔尼诺的全过程分为发生期、发展期、维持期和衰减期，历时一般1年左右，大气的变化滞后于海水温度的变化。

在气象科学高度发达的今天，人们已经了解：太平洋的中央部分是北半球夏季气候变化的主要动力源。通常情况下，太平洋沿南美大陆西侧有一股北上的秘鲁寒流，其中一部分变成赤道海流向西移动，此时，沿赤道附近海域向西吹的季风使暖流向太平洋西侧积聚，而下层冷海水则在东侧涌升，使得太平洋西段菲律宾以南、新几内亚以北的海水温度渐渐升高，这一段海域被称为“赤道暖池”，同纬度东段海温则相对较低。对应这两个海域上空的大气也存在温差，东边的温度低、气压高，冷空气下沉后向西流动；西边的温度高、气压低，热空气上升后转向东流，这样，在太平洋中部就形成了一个海平面冷空气向西流，高空热空气向东流的大气环流（沃克环流），这个环流在海平面附近就形成了东南信风。但有些时候，这个气压差会低于多年平均值，有时又会增大，这种大气变动现象被称为“南方涛动”。20世纪60年代，气象学家发现厄尔尼诺和南方涛动密切相关，气压差减小时，便出现厄尔尼诺现象。厄尔尼诺现象发生后，由于暖流的增温，太平洋由东向西流的季风大为减弱，使大气环流发生明显改变，极大地影响了太平洋沿岸各国气候，本来湿润的地区干旱，干旱的地区出现洪涝。而这种气压差增大时，海水温度会异常降低。

20 世纪 60 年代以后，随着观测手段的进步和科学的发展，人们发现厄尔尼诺现象不仅出现在南美等国沿海，而且遍及东太平洋沿赤道两侧的全部海域以及环太平洋国家；有些年份，甚至印度洋沿岸也会受到厄尔尼诺带来的气候异常的影响，发生一系列自然灾害。总的来看，它使南半球气候更加干热，使北半球气候更加寒冷潮湿。

近年来，科学家对厄尔尼诺现象又提出了一些新的解释，即厄尔尼诺可能与海底地震、海水含盐量的变化以及大气环流变化等有关。

厄尔尼诺现象是周期性出现的，大约每隔 2 ~ 7 年出现一次。至 1997 年的 20 年来厄尔尼诺现象分别在 1976—1977 年、1982—1983 年、1986—1987 年、1991—1993 年和 1994—1995 年出现过 5 次。1997—1998 年，全球曾爆发近百年来最强的厄尔尼诺现象，引起全球范围的气候宜常。1982—1983 年间出现的厄尔尼诺现象是 20 世纪最严重的一次，在全世界造成了大约 1500 人死亡和 80 亿美元的财产损失。进入 90 年代以后，随着全球变暖，厄尔尼诺现象出现得越来越频繁。

由于科技的发展和世界各国的重视，科学家们对厄尔尼诺现象通过采取一系列预报模型、海洋观测和卫星侦察、海洋大气偶合等科研活动，深化了对这种气候异常现象的认识：①厄尔尼诺现象出现的物理过程是海洋和大气相互作用的结果，即海洋温度的变化与大气相关联。所以在 20 世纪 80 年代后，科学家们把厄尔尼诺现象称之为“安索”现象。②热带海洋的增温不仅发生在南美智利海域，而且也发生在东太平洋和西太平洋。它无论发生在哪时，都会迅速地导致全球气候的明显异常，它是气候变异的最强信号，会导致全球许多地区出现严重的干旱和水灾等自然灾害。

“拉尼娜”现象

拉尼娜现象是指赤道太平洋东部和中部海面温度持续异常偏冷的现象（与厄尔尼诺现象正好相反）。是气象和海洋界使用的一个新名词。意为“小女孩”，正好与意为“圣婴”的厄尔尼诺相反，也称为“反厄尔尼诺”或“冷事件”。

拉尼娜现象就是太平洋中东部海水异常变冷的情况。东信风将表面被太阳晒热的海水吹向太平洋西部，致使西部比东部海平面增高将近60厘米，西部海水温度增高，气压下降，潮湿空气积累形成台风和热带风暴，东部底层海水上翻，致使东太平洋海水变冷。

那么，拉尼娜究竟是怎样形成的？厄尔尼诺与赤道中、东太平洋海温的增暖、信风的减弱相联系，而拉尼娜却与赤道中、东太平洋海温度变冷、信风的增强相关联。因此，实际上拉尼娜是热带海洋和大气共同作用的产物。

海洋表层的运动主要受海表面风的牵制。信风的存在使得大量暖水被吹送到赤道西太平洋地区，在赤道东太平洋地区暖水被刮走，主要靠海面以下的冷水进行补充，赤道东太平洋海温比西太平洋明显偏低。当信风加强时，赤道东太平洋深层海水上翻现象更加剧烈，导致海表温度异常偏低，使得气流在赤道太平洋东部下沉，而气流在西部的上升运动更为加剧，有利于信风加强，这进一步加剧赤道东太平洋冷水发展，引发所谓的拉尼娜现象。

拉尼娜常发生于厄尔尼诺之后，但也不是每次都这样。厄尔尼诺与拉尼娜相互转变需要大约4年的时间。

厄尔尼诺与拉尼娜现象通常交替出现，对气候的影响大致相反，通过海洋与大气之间的能量交换，改变大气环流而影响气候的变化。从近50年的监测资料看，厄尔尼诺出现频率多于拉尼娜，强度也大于拉尼娜。

中国海洋学家认为，中国在1998年遭受的特大洪涝灾害，是由“厄尔尼诺—拉尼娜现象”和长江流域生态恶化两大成因共同引起的。

中国海洋学家和气象学家注意到，在热带太平洋上出现的厄尔尼诺现象（我国附近海洋变冷）曾在1个月内转变为一次拉尼娜现象（我国附近海水变暖）。这种从未有过的情况是长江流域降雨暴增的原因之一。

这次厄尔尼诺使中国的气候也十分异常，1998 年6—7 月，江南、华南降雨频繁，长江流域、两湖盆地均出现严重洪涝，一些江河的水位长时间超过警戒水位，两广及云南部分地区雨量也偏多五成以上，华北和东北局部地区也出现涝情。拉尼娜也会造成气候异常。一般来说，由厄尔尼诺造成的大范围暖湿空气移动到北半球较高纬度后，遭遇北方冷空气，冷暖交换，形成降雨量增多。但到6 月后，夏季到来，雨带北移，长江流域汛期应该结束。但这时拉尼娜出现了，南方空气变冷下沉，已经北移的暖湿流就退回填补真空。事实上，副热带高压在7 月 10 日已到北纬 30°，又突然南退到北纬 18°，这种现象历史上从未见过。

知识点

副热带高压

副热带高压简称副高，是位于副热带地区的暖性高压系统。它对中、高纬度地区和低纬度地区之间的水汽、热量、能量的输送和平衡起着重要的作用，是大气环流的一个重要系统。副热带高压的东部是强烈的下沉运动区，下沉气流因绝热压缩而变暖，所控制地区会出现持续性的晴热天气。而副热带高压的西部是低层暖湿空气辐合上升运动区，容易出现雷阵雨天气。随着季节的更迭，副热带高压带的强度、位置也会发生明显的季节变化。从 1 月到 7 月，副热带高压主体呈现出向北、向西移动和强度增强的趋势；从 7 月到 1 月，副热带高压主体则有向南、向东移动和强度减弱的动向。这种季节性的变化，还具有明显的缓慢式变化和跳跃式变化的不同阶段。

冻 雨

冻雨是初冬或冬末春初时节见到的一种天气现象，是一种灾害性天气。

当较强的冷空气南下遇到暖湿气流时，冷空气像楔子一样插在暖空气的下方，近地层气温骤降到 0℃以下，湿润的暖空气被抬升，并成云致雨。当雨滴从空中落下来时，由于近地面的气温很低，在电线杆、树木、植被及道路表面都会冻结上一层晶莹透亮的薄冰，气象上把这种天气现象称为“冻雨”。我国南方一些地区把冻雨又叫做“下冰凌”，北方地区称它为“地油子”。雨滴与地面或地物、飞机等物相碰而即刻冻结的雨称为冻雨。这种雨从天空落下时是低于0℃的过冷水滴，在碰到树枝、电线、枯草或其他地上物时，就会在这些物体上冻结成外表光滑、晶莹透明的一层冰壳，有时边冻边淌，像一条条冰柱。这种冰层在气象学上又称为“雨凇”或冰凌。冻雨是过冷雨滴或毛毛雨落到温度在冰点以下的地面上，水滴在地面和物体上迅速冻结而成的透明或半透明冰层，这种冰层可形成“千崖冰玉里，万峰水晶中”的壮美景象。如遇毛毛雨时，则出现粒凇，粒凇表面粗糙，粒状结构清晰可辨；如遇较大雨滴或降雨强度较大时，往往形成明冰凇，明冰凇表面光滑，透明密实，常在电线、树枝或舰船上一边流一边冻，形成长长的冰挂。冻雨多发生在冬季和早春时期。我国出现冻雨较多的地区是贵州省，其次是湖南省、江西省、湖北省、河南省、安徽省、江苏省及山东省、河北省、陕西省、甘肃省、辽宁省南部等地，其中山区比平原多，高山最多。雨水从空中落下来结成冰，能致害吗？能，这种冰积聚到一定程度时，不仅有害，而且危害不浅。

冻雨的成因

入冬，雨落在树木、高楼、山岩、电杆等物体上，立即结成了冰，老百姓习惯叫“滴水成冰”。这种雨在气象学上叫“冻雨”（它的凝聚物叫“雨凇”）。它和人们常说的一般水滴不同，而是一种过冷却水滴（温度低于0℃），在云体中它本该凝结成冰粒或雪花，然而找不到冻结时必需的冻结核，于是它成了碰上物体就能结冻的过冷却水滴。

低温导致冻雨形成“冻雨”落在电线、树枝、地面上，随即结成外表光滑的一层薄冰，冰越结越厚，结聚过程中还边流动边冻结，结果便制造出一串串钟乳石似的冰柱、冰穗（俗称“冰挂”），它们晶莹透亮，遇上阳光，放射出五彩光芒，煞是好看！可惜的是，当它的重量超过物体的承载能力的时候，悲剧就发生了。形成“冻雨”，要使过冷却水滴顺利地降落到地面，往往离不开特定的天气条件：近地面2000米左右的空气层温度稍低于0℃；2000~4000米的空气层温度高于0℃，比较暖一点；再往上一层又低于0℃，这样的大气层结构，使得上层云中的过冷却水滴、冰晶和雪花，掉进比较暖一点的气层，都变成液态水滴。再向下掉，又进入不算厚的冻结层。当它们随风下落，正准备冻结的时候，已经以过冷却的形式接触到冰冷的物体，转眼形成坚实的“冻雨”！

冻雨是由过冷水滴组成，与温度低于0℃的物体碰撞立即冻结的降水。低于0℃的雨滴在温度略低于0℃的空气中能够保持过冷状态，其外观同一般雨滴相同，当它落到温度为0℃以下的物体上时，立刻冻结成外表光滑而透明的冰层，称为雨凇。严重的雨凇会压断树木、电线杆，使通讯、供电中止，妨碍公路和铁路交通，威胁飞机的飞行安全。冻雨出现时地面往往不太寒冷（0~3℃），上空为逆稳，有一层温度高于0℃的暖层。降水在暖层里为雨滴，下落到近地面大气中就成为过冷却的冻雨，往往会造成一些危害。

如果雨滴不断地打落在这些结了冰的物体表面时，就慢慢地形成一条条冰柱。太阳出来后，在阳光的照耀下的冰柱闪闪发亮，分外妖娆，冻雨给人们增添了秀丽动人的景色。但它造成的危害也是十分严重的。如电线上结上冰凌后增加了重量、遇冷会发生收缩，使得电线绷断，导致通信和输电中断事故；农作物遇到冻雨后被冻伤、冻死；地面上结冰，交通事故将剧增。所以，持续数天出现冻雨，其造成的灾害还是很大的。

冻雨的危害

冻雨风光值得观赏，但它毕竟是一种灾害性天气，它所造成的危害是不可忽视的。电线结冰后，遇冷收缩，加上冻雨重量的影响，就会绷断。有时，成排的电线杆被拉倒，使电讯和输电中断。公路交通因地面结冰而受阻，交通事故也因此增多。大田结冰，会冻断返青的冬麦，或冻死早春播种的作物幼苗。另外，冻雨还能大面积地破坏幼林、冻伤果树等。冻雨厚度一般可达10~20毫米，最厚的有30~40毫米。冻雨发生时，风力往往较大，所以冻雨对交通运输，特别对通讯和输电线路影响更大。据气象专家分析，冻雨是在特定的天气背景下产生的降水现象。在此期间，江淮流域上空的西北气流和西南气流都很强，地面有冷空气侵入，1500~3000米上空又有暖气流北上，大气垂直结构呈上下冷、中间暖的状态，自上而下分别为冰晶层、暖层和冷层。即3000米以上高空大气温度往往在－10℃以下，2000米左右高空，大气温度一般为0℃左右，而2000米以下温度又低于0℃。冻雨大多出现在1月上旬至2月上、中旬的1个多月内，起始日期具有北早南迟，山区早、平原迟的特点，结束日则相反。地势较高的山区，冻雨开始早，结束晚，冻雨期略长。如皖南黄山光明顶，冻雨一般在 11 月上旬初开始，次年 4 月上旬结束，长达 5 个月之久。据统计，江淮流域的冻雨天气，沿淮淮北 2 ~ 3 年一遇，淮河以南 7 ~ 8 年一遇。但在山区，山谷和山顶差异较大，山区的部分谷地几乎没有冻雨，而山势较高处几乎年年都有冻雨发生。冻雨是一种灾害性天气，它大量冻结积累后能压断电线和电话线，严重的冻雨会把房子压坍，飞机在有过冷水滴的云层中飞行时，机翼、螺旋桨会积水，影响飞机空气动力性能造成失事。

冻雨的预防

消除冻雨灾害的方法，主要是在冻雨出现时，发动输电线沿线居民不断把电线上的雨凇敲刮干净；在飞机上安装除冰设备或干脆绕开冻雨区域飞行。

人工影响局部天气

多少年来，人们就渴望着有一天天气能按照人们的意愿而变化：呼风即来风，唤雨雨即临；风力的大小，雨量的多少都能由人工加以控制，这该有多好啊！在科学技术不发达的年代里，这只不过是一种神话而已；但是随着科学技术的发展，人工影响局部天气工作开始了，呼风唤雨在一定条件下成为可能。

什么叫做人工影响局部天气呢？那就是用人工方法，使局部天气朝着人们意愿的方向发展，产生有利的天气，避免不利的天气，进而达到改造气候的目的。天气的变化是具有很大的范围和能量的，现阶段人们还难以随心所欲地直接控制天气的变化，但是随着气象科学的不断发展，现在已经找到一些途径，在一定的气象条件下，只要消耗很小的能量，就可以在局部范围内，促使某些已经存在的天气过程朝着人们意愿的方向发展，这就是人工影响局部天气。

在我国，目前开展较为普遍的是人工消雹和人工降水工作。对于经常出现冰雹和干旱的地区来说，开展这一工作有着很大的经济意义。

先说说人工消雹。人工消雹在 200 多年前就有人开始尝试。消雹其实只起对雹“以大化小，以小化了”的作用。具体地说，就是向云中施放碘化银或碘化铅等催化剂，它们会使云中冰晶数目增多，冰晶形成雹胚时会消耗大量的过冷云滴，结果使所有的雹胚都无法长得太大。雹块下降时有的会融化，这就形成了水滴，或者缩小成小冰雹，于是消雹的目的就达到了。和人工降雨一样，也有使用吸湿性物质消雹的，如食盐，它们会吸收云中的水分，使雹胚不至于膨胀得太大，及时降落到地面。

能下冰雹的积雨云云内一般分为3层，底部温度在0℃以上，主要是由水滴组成；顶部温度在－20℃以下，几乎全部是由冰晶组成。在这些部位上升气流一般不强，即使有上升气流，但是水碰水，冰碰冰，也不大容易形成冰雹。只有积雨云的中部（即温度从0～20℃的区域）上升气流特别强，而且是冰水共存区，在强的上升气流的作用下，冰碰水是最易冻结而形成冰雹的，所以一般把这个部位称为“雹灶”。如果用特制的火箭或高射炮炮弹把碘化银等化学药剂发射到积雨云中的“雹灶”，这就往往会促使这里的过冷水滴变成冰晶，这样就可以逐步改变冰水共存的状态，从而破坏生成冰雹的条件，使积雨云中的冰晶、过冷水滴不是变成冰雹而是变成雨降下来。

消雹可以利用飞机、高射炮、火箭等。在雷达的监测下，利用高射炮、火箭发射人工成冰剂，在我国与前苏联（现在以俄罗斯为主）比较常见。俄罗斯有专用消雹火箭和专用雷达。此雷达能在300千米以内确定是否有冰雹，并能确定雹区面积、移动速度、降雹强度，甚至可以算出冰雹的平均直径来。

需要澄清的一点是，人工消雹也可以采用空中爆炸作业的方法。爆炸发生后，由于冲击波的作用，大冰雹会粉碎，过冷却云却会直接冻结下降，于是消雹的目的也就达到了。

此外，在易受冰雹危害的地区，多种块根作物（如白薯、土豆等），小面积的秧苗或苗圃也可采用搭架覆盖的办法；对于水稻秧苗亦可采用灌水的办法；对于接近成熟的作物则应及早组织收割，做到熟一块收一块，这些都是减少或避免损失的好办法。

大家知道，有雨必先有云，但是有云不一定有雨。自然界过冷云降雨（或雪）是由于云中除小水滴外，还有足够的冰晶——饱和水汽或过冷却水滴在冰核（不溶于水的尘粒）作用下凝华或冻结而形成的冰相胚胎。过冷云中水滴的水分子会不断蒸发并凝华到冰晶上，冰晶不断长大以至下落为雪；如果云下气温高于0℃，它们就会融化成雨。如果自然界这种云雾中缺少足够的冰晶，因云中水滴十分细小，能够长期稳定地在空气中悬浮而降不下来，于是就只有云而无雨。这时候如果向这种云雾中播撒碘化银粒子，则能产生很多冰晶，云中水滴上的水分经蒸发、凝华迅速转化到这些人工冰晶上，使冰晶很快长大产生降雪；如果地面气温较高，雪降落过程中边融化边碰撞合并为水滴，最终成为降雨。这就是人工降雨。

人工降水是根据降水形成的原理，人为地补充某些形成降水的必需条件，促使云滴加速凝结或并合增大而形成降水。

我们经常可以碰到密云不雨的情况，不能造成冰水共存这种适宜云滴凝结（凝华）而增大的条件，或者缺少大水滴，而不能迅速增大成为降水。那么，怎样设法增加云中的冰晶和大水滴呢？目前通常使用的办法是在云内播撒干冰和碘化银，促使云中冰晶增多。干冰就是固体二氧化碳，颜色洁白很像冰，它本身的温度很低（-78℃），是一种很好的制冷剂，当它升华时，要吸收大量热量，使周围的空气温度降到很低，这样就可以使云中的过冷水滴迅速地冻结成为许多细小的冰晶，或者使云中的水汽直接凝华为冰晶，造成冰水共存的情况。碘化银的微粒是性能良好的凝华核，只要温度达到-4℃时，水汽就会以它为核心而凝华成冰晶，而且在空中维持较长时间也不会失效。如果把它撒入云中，也能促使过冷水滴冻结，或使水汽凝华成冰晶，造成云中冰水共存的情况。

促使云滴之间相互并合的方法目前主要是在云中撒播盐粉，因为食盐的微粒吸湿性很强，在它吸收水分后，能迅速成长为大水滴，造成云中大小水滴并存的情况，这样，大的水滴就容易由于不断并合其他小的水滴而形成降水。此外，还可利用声波（包括超声波和次生波）的振动促使云滴相互并合。因为声波在空气中传播时，会使空气中各种质点随着振动，大云滴的惯性大，振动时位移小；小云滴惯性小，振动时位移大。这样大小不同的云滴就可能因位移的程度不同而发生碰撞，因而并合增大形成降水。

一般来说，对低而厚的云进行人工催化效果最好。通常在云中播撒催化剂的部位是干冰、碘化银等撒在云中过冷水滴区内，盐粉则应撒于温度高于0℃的云体中。目前在我国进行冷云的人工催化工作时，主要是使用干冰和碘化银或盐粉。在撒播方法上，一般多采用飞机撒播的方法。另外也可用小型火箭或气球携带；火箭、气球在一定的高度上爆炸后，催化剂则借爆炸力散布于云中。还有一种方法是将碘化银或盐的溶液在高温炉上化为蒸汽，借上升气流将其吹送入云中。

无论用哪种办法进行人工降水，云的存在是根本的条件，这是内因；而向云中喷撒催化剂则是外因，外因必须通过内因才能起作用，所以说它是有一定局限性的。

人工降水的试验和理论研究工作是从20世纪40年代才开始的。60多年来，各国在这方面的工作都有很大进展。从技术方法上看，基本上还是处于被动的地位，“影响”只能在一定的已有气象条件下进行，人们还不能预先创造某种有利条件，用催化的方法进行人工降水，充其量也只能将云中的大部含水量降到地面上来，而不能从无到有地“造”出雨来。人们要“从自然里得到自由”，就必须在影响某些天气过程的微物理过程的同时，设法制约大气的运动状态，从而真正实现呼风唤雨，驱云消雾的伟大理想。虽然实现这一理想可能还要经历一个漫长而艰巨的过程，但是我们相信这一天终究会到来的。

人工降雨设施

雷　电

雷电是伴有闪电和雷鸣的一种雄伟壮观而又有点令人生畏的放电现象。

雷电一般产生于对流发展旺盛的积雨云中，因此常伴有强烈的阵风和暴雨，有时还伴有冰雹和龙卷风。积雨云顶部一般较高，可达20千米，云的上部常有冰晶。冰晶的凇附、水滴的破碎以及空气对流等过程，使云中产生电荷。

每个从云层到地面的闪电实际上包含了在60毫秒间隔内发生的3～5次独立的雷击。第一次雷击的峰值电流大约为2万安培，后续雷击的峰值电流减半。最后一次雷击之后，可能会有大约150安培的连续电流，持续时间达100毫秒。

闪电和雷声是同时发生的，但它们在大气中传播的速度相差很大，因此人们总是先看到闪电然后才听到雷声。光每秒能走 30 千米，而声音只能走 340 米。根据这个现象，我们可以从看到闪电起到听到雷声止，这一段时间的长短，来计算闪电发生处离开我们的距离。假如闪电在西北方，隔 10 秒听到了雷声，说明这块雷雨距离我们约有 3400 米远。

感应雷击火灾

这种火灾是由于雷雨云的静电感应或放电时的电磁感应作用，使地面上的金属物件感应出与雷雨云电荷相反的电荷，造成放电，因而称之为感应雷击。这种雷击对建筑物不起直接破坏作用，但对易燃、易爆物品聚集的场所有引起燃烧爆炸的危险。这种雷击火灾不易被人们“识破”，故更应引起重视。

1985 年 7 月 13 日 12 时许，河北丰宁县城遭雷击。到下午 3 时 40 分，县百货仓库的瓦屋顶上突然冒烟起火。一场大火烧掉了 50 万元国家财产。经过当地消防部门的实地勘察，是感应雷击火灾。

这座仓库长 61 米，宽 10. 2 米，屋顶高 7. 3 米。建筑并不算高，但是周围的建筑物最高不超过 6. 5 米。仓库里存放的货物 80% 是布匹。在出事的前一天下午，库内刚搬进一批化纤布。在搬动的过程中，化纤布因摩擦而产生了静电荷。地面上为 12 厘米厚的木板，因而静电荷不易逸散。工人在库内东西山墙之间，平行拉了 2 道八号铁丝，横向也拉了几道铁丝，把商品的牌子挂在铁丝上。当中午发生雷击的时候，铁丝上便感应出静电荷，其电压可达几十万伏，能击穿几十厘米厚的空气而放电。化纤布上原来就有静电荷积聚，当金属物上的异性电荷和化纤布上的静电荷接近时，便放电产生电火花。另一方面，平行的铁丝在雷击时，也有电磁感应，在闭合回路中有大电流通过，也会产生电火花。现场勘察发现，在铁丝上有许多“麻点”，这便是雷击的证明。

1985 年 7 月 26 日上海造纸工业公司北蔡仓库也发生过一次类似的大火灾，烧毁了 5600 余吨各种造纸原料。上海消防处调集了 44 辆消防车才把大火扑灭。直接经济损失高达 74 万元。

当晚 7 时 15 分左右，一个落地雷正好打在该仓库上。这些造纸原料都是旧棉絮、废纸、纸浆等可燃物品，用来捆扎这些原料的都是铁丝或铁皮，一旦受到雷击会感应到很大的电流而又无法导出。结头处因电阻较大会产生电火花，铁丝和铁皮上也会因大电流通过产生高温，使燃点不高的原料起火。

球状雷击火灾这是一种特殊的闪电雷击引起的火灾。平时不多见，一旦发生，后果相当严重。1983年9月10日，上海嘉定桃浦二库发生的一次大火，把正待出口的大量麻袋、山芋干等物品烧尽，保险公司赔偿750万元，就是球状闪电雷击引起的火灾。原来10日凌晨，乌云滚滚，电光闪闪，雷声隆隆，风狂雨猛。一道蓝色的闪光划破长空，霹雳声中，一个火球从闪电中滚下，正好击中嘉定桃浦二库东面六条堆垛的中间。火球在堆垛间隙中滚动，不久就燃起熊熊大火。这种“火球”非同一般一闪即逝的闪电，它能延续一段时间，尽管当时大雨倾盆，大火仍然越烧越旺。

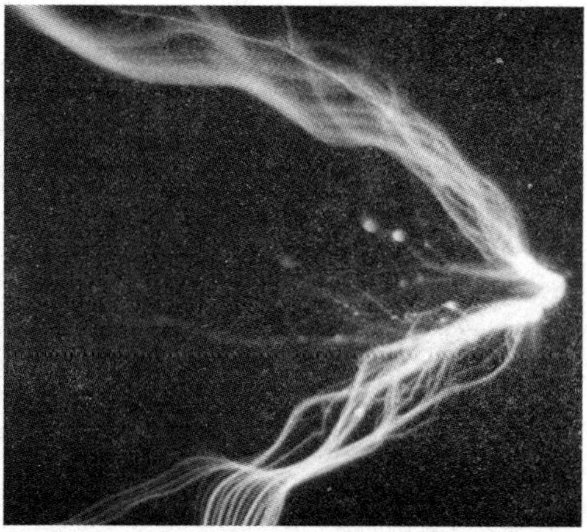

球状闪电

球状闪电为什么有这么大的破坏力？据分析，小火球的能量约为4×10^{7}焦耳，其温度可高达几千甚至上万摄氏度，就是下着倾盆大雨，雨水碰到它也顿时化作水汽。

除了上述3种雷击火灾形式外，有时室外架空线路或金属管遭受直接雷击或雷电感应，产生高电压冲击波，也会侵入室内引起易燃易爆物品的燃烧或爆炸，称为雷电波侵入。这种情况多发生在化工厂。

上述多次火灾中存在一个普遍的现象，即许多单位如仓库、工厂等均未安装避雷设施，或者避雷设施失效后无人过问，以致发生了火灾。上海桃浦二库、上海造纸工业公司北蔡仓库、河北丰宁县百货仓库等雷击火灾均是未装避雷针之故。

有些高大建筑物虽安装了避雷针，但可能因接地线已断等其他原因而“有形无用”了。例如1987年5月31日武当山金顶遭雷击，就是因为金顶上的避雷针接地导线在建设施工时被折断，事后又没发觉，未及时检查和修复。这避雷针就不可能起到引雷入地的作用。

另外，由于引下线与建筑物内的供电线路距离太近，雷击时在它们之间也会放电，这叫做“反击”现象。“反击”时也会产生高温、电弧，也能引起燃烧。

为了使避雷针真正起到防雷作用，在设计制造时，一定要符合有关规定，平时还要加强维护保养。避雷针宜用镀锌圆钢或钢管，圆钢的直径不小于12毫米，钢管的内径不宜小于20毫米；引下线要用镀锌圆钢或扁钢，截面积不小于50平方毫米；接地装置也要用圆钢、钢管、角钢等，并应具有一定的截面积，垂直接地体的长度一般为2.5米，埋地深度不小于0.5米。各连接点接触都要良好，这样才能减少电阻值。避雷装置与建筑物内的电线要保持一定的距离。避雷针装好还要经常保养，每年雷雨季节到来之前要认真检查，特别是要测试冲击电阻，如电阻过大，就要找出故障，加以维修；如果电阻无穷大，说明线路中有断开的地方，更要认真查找，及时修好；如锈蚀超过截面30%时应予更换。

安装避雷针一定要准确计算它的保护范围，特别要注意建筑物的顶部（包括屋檐四角）是否在保护范围之内。如果不在保护范围内，要增加避雷针的高度，或者增加避雷针的支数。只要按照规定安装避雷针，并经常使它处于良好状态，一般就能免受雷击。

避雷针

雷电的防御

1. 端放电与避雷针

在强电场作用下，物体曲率大的地方（如尖锐、细小的顶端，弯曲很厉害处）附近，等电位面密，电场强度剧增，致使这里空气被电离而产生气体放电现象，称为电晕放电。而尖端放电为电晕放电的一种，专指尖端附近空气电离而产生气体放电的现象。

当雷雨云过境时，云的中下部是强大负电荷中心，云下的下垫面是正电荷中心，于是在云与地面间形成强电场。

在地面凸出物如建筑物尖顶、树木、山顶草、林木、岩石等尖端附近，等电位面就会很密集，这里电场强度极大，空气发生电离，因而形成从地表向大气的尖端放电。

避雷针是一根耸立在建筑物顶上的金属棒（接闪器）、金属引下线和金属接地体等3部分组成的防雷装置。它的作用是使可能会袭击建筑物的闪电吸引到它上面，再进入地里，借以保护建筑物。关于避雷针为何能防雷的机制，尚待进一步研究。有人认为避雷针的尖端放电，中和了雷雨云中积累的电荷，起到了消除电的作用。但近年来通过尖端放电电量计算，它远不能中和所有电荷。

2. 人的闪电防护

雷鸣电闪时在室外的人，为防雷击，应当遵从4条原则：①人体应尽量降低自己，以免作为凸出尖端而被闪电直接击中。②人体与地面的接触面要尽量缩小，以防止因“跨步电压”造成伤害。所谓跨步电压是雷击点附近，两点间很大的电位差，若人的两脚分得很开，分别接触相距远的两点，则两脚间便形成较大的电位差，有强电流通过人体使人受伤害。③不可到孤立大树下和无避雷装置的高大建筑体附近，不可手持金属体高举头顶。④不要进水中，因水体导电好，易遭雷击。总之，应当到较低处，双脚合拢地站立或蹲下，以减少遭遇雷击的机会。

下面几点是具体的防雷击须知：

（1）在打雷下雨时，严禁在山顶或者高丘地带停留，更要切忌继续蹬往高处观赏雨景，不能在大树下、电线杆附近躲避，也不要行走或站立在空旷的田野里，应尽快躲在低洼处，或尽可能找房层或干燥的洞穴躲避。

（2）雷雨天气时，不要用金属柄雨伞，摘下金属架眼镜、手表、裤带，若是骑车要尽快离开自行车，亦应远离其他金属制物体，以免产生导电而被雷电击中。

（3）在雷雨天气，不要去江、河、湖边游泳、划船、垂钓等。

（4）在电闪雷鸣、风雨交加之时，应立即关掉室内的电视机、收录机、音响、空调机等电器，以避免产生导电。打雷时，在房间的正中央较为安全，切忌停留在电灯正下面，忌依靠在柱子、墙壁边、门窗边，以避免在打雷时产生感应电而致意外。

（5）当发生雷击时，应立即将病人送往医院。如果当时呼吸、心跳已经停止，应立即就地做口对口人工呼吸和胸外心脏按压，积极进行现场抢救。千万不可因急着运送去医院而不作抢救，否则会贻误病机而致病死亡。有时候，还应在送往医院的途中继续进行人工呼吸和胸外心脏按压。此外，要注意给病人保温。若有狂躁不安、痉挛抽搐等精神神志症状时，还要为其作头部冷敷。对电灼伤的局部，在急救条件下，只需保持干燥或包扎即可。

（6）雷雨天气发生时，即使在安装了避雷针的情况下，也应该迅速拔掉室内电视、电冰箱以及天线电源的插头，防止空间电磁波干扰造成不必要的损失。此外，从电闪雷鸣的形成和发生过程来看，空旷场地上、建筑物顶上、高大树木下、靠近河湖池沼以及潮湿地区是雷击事故多发区。

（7）在室外，要考虑到雷电活动区域，看雷电活动远近，一般是听雷声就能判断出远近，不要躲到避雷针和大树下面。在空旷的地方不要打雨伞，因为雨伞有针尖，电场强度要集中些。不要在空旷地方打手机。要蹲下来，两脚并拢。

（8）如遇雷雨天气，最好躲入一栋装有金属门窗或设有避雷针的建筑物内。一辆金属车身的汽车也是最好的“避雷所”，一旦这些建筑物或汽车被雷击中，它们的金属构架或避雷装置或金属本身会将闪电电流导入地下。

人工控制雷电

人工控制雷电，是指通过人工引雷、消雷的方法，使云中电荷中和、转移或提前释放，控制雷电的产生，以确保空中和地面军事行动的安全。人工控制雷电的方法有：利用对带电云团播撒冻结核，改变云体的动力学和微物理学过程，以影响雷电放电；采用播撒金属箔以增加云中电导率，使云中电场维持在雷电所需临界强度以下抑制雷电；人为触发雷电放电，使云体一小部分区域在限定的时间内放电。

雷电，是云和云、云和地之间的火花放电现象。雷电形成的强大电流、炽热的高温、剧变的静电场和频谱丰富的电磁波，威胁着人畜生命，毁坏建筑物，造成森林火灾，破坏高压输电系统和有线通信系统。干扰无线通讯，造成飞行事故，影响火箭发射等。危害最大的是云－地雷电。避雷针虽可防雷，但只限于固定地点和小面积。流动性和大面积防雷，如易燃、易爆物质的运输，核设施和森林的防雷，避雷针是无能为力的。因此，人们积极研究人工控制（抑制和诱发）雷电技术。

人工抑制雷电的一个方法是在雷雨云中用高射炮或飞机播撒数百万个，甚至数十亿个直径数十微米、长数厘米的金属细丝或镀有金属的尼龙细丝。在雷雨云中电场的作用下，细丝发生静电感应，由于尖端效应，细丝两端电荷密度极大。其附近电场极强。当场强达到起晕场强（仍大大低于闪电所需场强）时，发生电晕放电，产生大量正、负离子，使云中大气导电性能改善，在云中形成闪电通道，云内放电次数增加，则危害最大的云—地雷电可以得到抑制。

也可以在雷雨云中的过冷区播撒碘化银晶粒。根据结晶学原理，晶体在生成过程中首先形成晶核，而晶核可以用结构相似的其他物质代替。碘化银晶体结构和冰晶十分相似，是一种十分理想的人工冰核。因此在雷雨云中播撒了碘化银晶粒后很快可以形成大量冰晶，由于冰晶棱角锋利，可以起到和金离细丝相同的抑制雷电的效果。

因为雷电是雷雨云的产物，雷雨云的形成要靠上升气流。因此，也可以在云中投掷黏土之类的物质形成下沉气流来对抗上升气流，或炮击雷雨云而干扰上升气流，使雷雨云得不到充分发展，雷电也就难以产生。

以上是抑制雷电的物理原理。人们从飞机、火箭穿过并无自然雷电的云体而常常遭受雷击受到启发，发现在有可能产生雷电，但云中场强尚不足以造成闪电的云中，发射小火箭之类的细长型高速飞行导体可以诱发雷电。一是因为这些导体在云中运动时本身强烈起电，严重影响云中电场；二是因为这些导体易产生电晕放电，从而改善了云中导电情况；加之这些飞行器排出的高导电性喷气，相当于将飞行器加长，从而增大了作用范围，因此可以诱发云中雷电，从而消耗云内电荷，在云中开辟出一条安全通道，使导弹、宇宙飞船能安全穿过云层进入太空。如果发射带拖线的小火箭，可以诱发云—地雷电，达到某些军事目的。

知识点

避雷针

现代避雷针是美国科学家富兰克林发明的，它的避雷原理是：在雷雨天气，高楼上空出现带电云层时，避雷针和高楼顶部都被感应上大量电荷，由于避雷针针头是尖的，所以静电感应时，导体尖端总是聚集了最多的电荷。这样，避雷针就聚集了大部分电荷。避雷针又与这些带电云层形成了一个电容器，由于它较尖，即这个电容器的两极板正对面积很小，电容也就很小，也就是说它所能容纳的电荷很少。而它又聚集了大部分电荷，所以，当云层上电荷较多时，避雷针与云层之间的空气就很容易被击穿，成为导体。这样，带电云层与避雷针形成通路，而避雷针又是接地的，避雷针就可以把云层上的电荷导入大地，使其不对高层建筑构成危险，保证了它的安全。